"가슴이 따뜻해지는 감동을 드립니다."

_______________ 님께

_______________ 드림

여행에도 방법이 있다면,
내 여행의 방식은 아무런 방법도 구하지 않는 것이다.

잠시만 어깨를 빌려줘

이용한 여행에세이 1996–2012

상상출판

contents

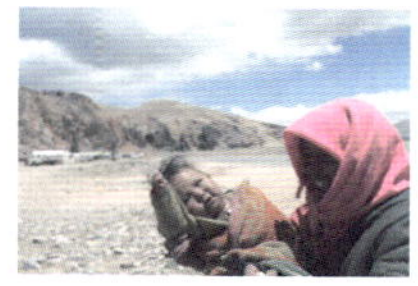

시간은
우리 편이
아니에요

"직장을 때려차우고 나면 설렁설렁 여행을 다닐 거예요.
그러기 위해선 오늘 맹렬하게 일을 해야 해요."

다들 내일의 여유를 위해 오늘은 바쁘게 살아야 한다고 말하죠.
욕망을 위해 기꺼이 현실을 희생하죠.
그러나 당신이 틀렸어요.

내일이 오면 당신은 또 다른 핑계와 이유로 바쁠 거예요.
대학을 졸업하면, 취직을 하면, 결혼을 하면, 연봉이 오르면, 대출금만 갚으
면, 이번 일만 끝내면……
계속해서 당신은 이유와 핑계를 만들어 낼 것이고,
여행은 계속해서 미루어지겠죠.
당신은 결국 여행을 못 가게 될 공산이 커요.

나이가 들면 시간에 가속도가 붙는 법이죠.
시간이 없다고 투덜거릴수록 공연히 마음만 분주해지죠.
마음을 따라가지 못하는 몸은 고단해지고
피곤한 몸은 다시 핑계를 만들어대겠죠.

삶은 영원하지 않고, 시간은 우리 편이 아니에요.
망설임이 길어질수록 여행은 멀어져 버려요.

떠나고 싶은 순간에 떠나야 해요.
핑계를 찾기보다 어딘가에 처박아둔 여권부터 찾아보는 거예요.

될 대로 되라지.

당신이 없어도 회사는 잘만 돌아가요.
당신이 없어도 나무는 쑥쑥 자라죠.
당신이 없어도 한국의 안보에는 문제가 없어요.

그러니 없는 문제를 만들지 말고 그냥 떠나세요.

PS. "가능성에 대한 숭배는 항상 뭔가 더 나은 것이 미래에 기다리고 있을 것이라고 믿는 일종의 탐욕이다. 하지만 가능성의 마법은 미래에 마법을 거는 대가로 현재에 대한 환멸을 요구한다."

― 마이클 폴리, 〈행복할 권리〉

#002
너에게
보내는
구름

이 구름을 너에게 보낸다.

라싸에 뜬 구름은 물색없이 덜컹거리는 내 마음 같아서
엽서만큼 오려내 너에게 보낸다.

재스퍼 설산에 걸린 구름은 기약 없이 떠도는 열병 같아서
배낭에 꾹꾹 눌러 담아 집으로 가져간다.

고비의 낙타 구름은 책갈피에서,
오타루의 고양이 구름은 서랍 속에서 부푼다.

#003
그렇다고
말해 줘

루앙프라방에 가면 사랑이 이루어질 것이다.
사랑이 없다면 사랑을 만나게 될 것이다.
아침에 먹는 빵은 맛있을 것이고,
어디서나 메콩 강이 음악처럼 흐를 것이다.
가는 곳마다 고양이가 넘쳐날 것이고,
라오스의 미소가 떠다닐 것이다.
언제나 친절한 사람들이 '싸바이디!' 하고 인사를 건넬 것이다.
걱정은 사라질 것이고,
한숨은 날아갈 것이다.
시간은 코코넛 열매처럼 야물게 익어갈 것이다.
마음은 한낮의 스콜처럼 차분하게 가라앉을 것이다.
고요함은 길가의 꽃 피는 소리를 들려줄 것이며,
저녁에는 마시고 싶은 비어라오를 마시게 될 것이다.
루앙프라방에서 가능한 것들은 루앙프라방에서 이루어질 것이다.

그렇지?
그렇다고 말해줘.

편자공의 말

벨기에에서는 말편자를 집안에 거는 풍습이 있다.
말편자를 걸어두면 행운이 들어온다는 것이다.
이 말을 해준 농장의 한 편자공은 이런 말을 덧붙였다.
"하지만 난 그 말을 믿지 않아요.
하필이면 내가 집안에 편자를 걸어놓은 날,
집에서 기르던 말이 집을 나가버렸거든요."
때마침 그는 마구간에서 편자를 갈고 있었는데,
벨기에에서도 그와 같은 편자공이 이제는 거의 없다고 한다.
편자 갈기를 끝낸 편자공은 수건으로 땀을 닦으며
나에게 벨기에식 농담을 던졌다.
"남자들에게 가장 위험한 일이 뭔지 아세요?
말 뒤에 서는 것과 여자 앞에 서는 거예요."

시간은 낙타가
걷는 속도로 흘러간다

시차만 다를 뿐 시간은 누구에게나 똑같이 흘러간다. 나도 그런 줄 알았다. 하지만 오늘 한국의 지층연대와 티베트의 지층연대는 똑같지가 않다. 서울에서 부산까지 KTX를 타면 세 시간 반이 걸리지만, 몽골에서 동일한 거리를 가려면 며칠이 걸릴 수도 있다. 서울에서의 한 시간과 라오스에서의 한 시간은 다를 수밖에 없다. 말하자면 티베트에서의 시간은 말과 야크가 걷는 속도로 흘러가고, 몽골에서의 시간은 낙타가 걷는 속도로 흘러간다. 서울의 입장에서는 복장이 터질 일이지만.

속전속결과 질주본능에 익숙한 사람들의 입장에서는 인도의 시간이 굼뜨고 게으른데다 답답하기 짝이 없다. 그렇게 빨리 달린다고 해서 하루가 더 빨리 가는 것도 아닌데, 우리는 왜 그렇게 속도를 내지 못해 안달인지 모르겠다. 사실 속도라는 것은 에너지의 사용량과 비례한다. 더 빨리 가기 위해서는 더 많은 에너지를 사용해야 한다. 이를테면 자동차가 한 시간을 달리려면 최소한 몇 리터의 기름이 필요한 법이다. 하지만 당나귀와 함께 한 시간을 걷는 데 필요한 에너지는 당나귀가 소화한 한 묶음의 건초만 있으면 된다.

여행을 하다 보면 느낄 수가 있다. 부탄에서는 부탄만의 고유한 시간이 존재하고, 미얀마에서는 미얀마만의 고유한 시간이 존재한다. 아프리카에 가면 아프리카의 시간에 자신의 시계를 맞출 필요가 있다. 서울의 시간을 그곳에 가져갈 이유가 없으며, 서울의 시간은 서울에 있어야 어울린다. 그렇게 서두르지 않아도 인생은 충분히 짧다. 느리게 간다고 뒤처지는 게 아니다. 속도를 늦추면 빨라서 놓치는 많은 풍경을 만날 수 있다. 애당초 그들은 바깥 세계와 경쟁할 마음조차 없다. 경쟁에서 이기고 싶은 욕심은 더더욱 없다.

설령 뒤처진다고 해서 그것이 나쁜 것도 아니다. 뒤처진다는 건 경쟁하지 않는다는 것이고, 경쟁하지 않으면 다툴 이유도 없다. 다투지 않으면 평화롭고, 평화는 마음의 고요를 가져오는 법이다. 만일 현대문명의 혜택과 소비를 누리지 못한다고 불행하거나 비참하다고 말한다면, 이른바 선진국 사람들이 모두 행복해야 옳지만 실상은 그렇지가 않다. TV와 컴퓨터, 휴대폰, 자동차와 비행기, 전기와 도시가스가 행복을 가져다주지는 않는다.

발전과 행복은 비례하지도 않으며, 물질적 번영이 복지를 보장하는 것도 아니다. 오늘날 개발경쟁에 앞장서온 선진국이 가장 크게 한 일이라곤 하나뿐인 지구를 망가뜨리고, 지구온난화를 가속화시킨 것이다. 지층연대가 다른 곳들을 여행하다 보면, 속도와 경쟁의 세계에서 온 나를 끊임없이 반성하게 된다. 설령 다시금 속도와 경쟁의 세계에 떨어져 그곳에서의 반성을 까맣게 잊을지라도 지금 이 순간만큼은 그래야 한다. 여기는 아직도 착한 지구인이 살아가는 곳이기 때문이다.

PS. "세계의 절반은 너무 많이 생산해서 가난하고 나머지 절반은 너무 적게 소비해서 가난하다."
— 버트런드 러셀, 〈런던통신 1931-1935〉. 너무 적게 소비해서 가난한 것을 비난하지 말라.

#006
여행하며
사랑하기

여 행 하 며   사 랑 하 기 .

　　　사 랑 하 며   여 행 하 기 .

내 경험으로는 둘 중 하나에만 집중하는 게 좋을 것 같아.

붐브그르에서는 바람이 붐브그르 붐브그르 분다.
해는 기울고 바이드락 강변을 떠난 낙타는 붐브그르에 와서 운다.
세상의 끝에서 온 모래바람이 한바탕 마을을 휩쓸고 가면,
먼지 속에서 사막을 닮은 아이들이 붐브그르 붐브그르 뛰쳐나온다.
어떤 아이는 지붕에 올라가 칼싸움을 하고,
어떤 아이는 게르 밖에 앉아 저녁 햇살을 쬔다.
이 작은 마을에 아이들은 왜 그리도 많은지.
카메라를 둘러멘 나를 보자 순식간에 열댓 명이 내 앞을 가로막는다.
미처 카메라를 올릴 새도 없이 녀석들은 시키지도 않은 갖가지 포즈를 취한다.
어떤 아이는 V자를 그리고, 어떤 아이는 한쪽 눈을 찡그리고,
어떤 아이는 활짝 웃고 있다.
키가 작아 까치발을 하고 선 한 아이는
사진에 나오지 않을까 봐 기어이 울고 만다.
멀리서 그것을 지켜보는 어른들은 손뼉까지 쳐가며 웃어댄다.
여기는 사막의 언저리. 초원의 변두리.
늑대를 닮은 개들과 구름을 닮은 양들이 사람보다 많고,
어른보다 아이들이 많은 붐브그르다.
여관도 없고, 나그네도 없다.

#007
붐 브 그 르

마을의 유일한 게르 여인숙은 거의 개점휴업인 채로 갑자기 찾아온
이상한 나그네를 맞는다.
도대체 무엇하러 찾아왔는지 묻지도 않은 채
게르 주인은 난로에 한가득 말린 소똥을 집어넣고 불을 피운다.
순식간에 게르를 뒤덮는 온기와 연기.
모래가 서걱이는 오래된 침대.
스프링이 고장 난 매트리스는 엉덩이를 들썩일 때마다 크으응,
낙타 우는 소리를 낸다.
한 뼘 남짓 뚫린 게르 지붕 사이로 북두칠성이 보이고,
알타이로 흘러가는 은하수가 보인다.
게르 밖으로 나와 하늘을 보아도 북두칠성은 분명 하늘 가운데 걸려 있다.
몽골에서는 북두칠성이 하늘 중간에 있다는 것을 이제야 알겠다.
하늘은 온통 별바다다.
별바다 언저리에는 손톱만 한 그믐달이 떠서
외롭고 적막한 붐브그르를 비춘다.
밤이 깊어도 잠이 오지 않는다.
하늘에 지천으로 피어난 별꽃 무리 중에 몇은 별똥으로 지고,
몇은 그렁그렁 눈 속에 잠긴다.

곰을
깨우지 말 것

캐나다 로키를 여행하다 곰을 만난다고 해서 전혀 이상할 건 없다.
이곳에선 혼자서 숲에 들어갈 경우
항상 '비어벨'을 휴대할 정도로 곰의 출몰이 잦은 편이므로.
하지만 로키에 온 이후로 나는 한 번도 곰을 만난 적이 없다.

"도대체 곰이 있기는 한 거예요?"

궁금증을 견디지 못해 내가 말하자
버스 운전수는 손가락을 좌우로 흔들며 캐나다식 농담을 던졌다.
"그렇다면 잠시 운전대를 잡고 있어요. 내가 지금 곰을 깨워 데려올 테니까!"
곰이 4월인데도 아직 겨울잠을 자고 있다는 것이다.

그리고 그는 이런 말도 덧붙였다.
"곰을 지금 깨우는 것은 자정에 잠든 나를 새벽 3시에 깨우는 것과 같아요!"

새벽잠이 많은 나에게 쏙 들어오는 말이었다.

#009
호모 노마드

몽골에 도착하면 우선 말 한 필을 산다.
몽골에서는 보통 말 한 필에 50만 투그릭(한화 50만 원 가량).
이제 말안장 뒤에 배낭과 텐트를 싣고,
몽골어와 한국어로 된 지도를 각각 한 장씩 사서 가고 싶은 곳으로
말을 타고 간다.
며칠을 여행하다 말이 지치면 유목민 게르에 들러 말을 교환하자고 한다.
싸게는 2만 투그릭, 많게는 5만 투그릭이면 유목민들은 말을 교환해준다.
또다시 말 타고 여행하다 말이 지치면,
유목민 게르에 들러 말을 교환한다.
이런 식으로 여행을 마치고 울란바토르에 돌아오면
40만 투그릭 정도에 다시 말을 되판다.
1개월을 꼬박 여행해도 교통비로 나가는 돈은 10만 투그릭 정도면 해결된다.
실제로 이렇게 여행하는 사람들이 있다.
여행기간이 긴 유럽과 일본의 여행자들 중에는
더러 말 한 마리를 사서 몽골을 떠도는 이들이 있다.

#010

당신을
기다려요

여기서 나 당신을 기다려요.
이 기다림은 끝이 보이지 않아요.
이쯤에서 교차로를 건너면
한 시절의 연애도 끝이 날까요?
더 늦기 전에 택시를 타면
당신 없이도 고요한 곳에 내릴 수 있을까요?
오늘이 지나면
아프도록 퍼붓는 폭설도 그칠까요?

웃지 않으면
울게 된다

"웃지 않으면 울게 된다."
벨기에의 속담이다.
벨지안들은 아주 심각한 사건에 처했을 때조차
고함을 지르거나 화내기보다는
농담이나 은근한 독설로 구렁이 담 넘어가듯
상황을 비켜나간다.
설령 그 농담이 썰렁한 것일지라도
그들은 기꺼이 웃을 준비가 되어 있다.

여행을 하다 보면,
긴장과 짜증, 기대와 설렘이 혼합된 감정에 휩싸이게 된다.
별것 아닌 것에도 예민하게 반응하게 된다.
공연히 사람을 의심하고, 주변을 의식하게 된다.
표정은 굳어지고 행동은 부자연스러워진다.
그럴 땐 이렇게 중얼거려보는 거다.

"웃지 않으면 울게 된다."

억지로 웃어보는 것도 나쁘지 않다.
우는 것보다는 웃는 게 나으니까.

#012
낯선 행성

불쑥불쑥 나타나는 지구답지 않은 풍경들.
우주복을 입힌 사람만 있다면 외계의 행성 사진으로 조작해도 좋을 풍경들.

수염도 깎지 않고 머리도 지저분한, 수척한 지구인 한 마리가
그 풍경 속을 걷고 있다.
그의 목에는 고된 카메라가 걸려 있고,
주머니 속엔 더 이상 적을 곳이 없는 피곤한 수첩이 들어있다.

그는 축적 1:3,270,000 지도 한 장을 꺼내 살펴본다.
너무 펴봐서 접힌 데가 다 닳아버린 지도 한 장.
지도를 펴 봐도 그의 갈 길은 방향 없다.

낯선 행성에 던져졌다는 느낌, 사막과 적막, 원초적 초원, 방랑,
아, 도대체, 맙소사, 이 세상 같지 않은 것들.

구릉의 구름은 게으르게 언덕을 넘어간다.

길에서 오래 뒹굴다 보면 모든 것은 낡고 닳아버리는 법.
그에게 온전한 것이라곤 이제 모래와 함께 뒹굴던 쑥색 침낭과
아껴두었던 레모나 한 봉지뿐이다.

계속해서 그는 걷는다.
저물기 전에 이 낯선 별을 벗어나야 하지만,
특별히 벗어날 의지도 없는

여 행 자 한 마 리 .

#013

음탕한
고양이

아무래도 나는 루앙프라방에서 만난 음탕한 고양이에 대해 써야겠다.
여행자 거리 구멍가게 앞에서 만난 고양이.
가만 보니 이 녀석, 바로 옆집 식당에 드나드는 여자들만 골라
무릎에 올라가 있곤 했다.
내가 아침식사를 하는 동안 녀석은 무려 세 명의 여자 품에 돌아가며 안겼다.
그중 한 여자는 한국에서 왔고, 나도 좀 아는 여자였는데,
그녀가 안아주자 자연스럽게 한 손을 가슴에 척 하고 얹었다.
5분 넘게 그녀에게 안겨있는 동안
녀석은 내내 음탕하게 그녀의 가슴에서 손을 떼지 않았다.
식사를 마치고 계단을 내려가는데
이 녀석, 이번에는 유럽에서 온 또 다른 여자의 가슴에 안겨
아까와 똑같은 자세를 취했다.
한두 번 해본 솜씨가 아니었다.

"저 녀석 상습범이잖아!"

만일 애인과 함께 루앙프라방에 가는 남자가 있다면 말해주고 싶다.
루앙프라방에 가거든 고양이를 조심하라고.
고양이에게 애인을 빼앗길지도 모르니까.

더 음탕한
고양이

아무래도 나는 루앙프라방에서 만난 더 음탕한 고양이에 대해서도 써야겠다.
여행자 거리 구멍가게 옆에서 만난 고양이.
가만 보니 이 녀석은 '음탕한 고양이'가 여자들 품에 안겨 가슴을 탐할 때마다
음흉한 표정으로 그 광경을 지켜보았다.
희한하게도 녀석은 평상시 줄곧 낮잠에 빠져있다가도
'음탕한 고양이'가 여자들 품에 안겨 있을 때만은

전혀 졸리지 않는 눈빛이 되었다.

침략자

잠시만 어깨를 빌려줘

자급자족으로 평생을 살아온 유목민들에게는
돈이라는 것이 그렇게 중요한 것이 아니다.
그들에겐 시내에 나가 덩어리차를 몇 덩이 사고,
굶지 않을 정도의 밀가루를 살 정도만 있으면 되는 것이다.
그러나 끊임없이 들이닥치는 관광객들로 인해
그들의 전통적인 삶의 방식은 조금씩 해체되고 있다.
그들은 관광객이 가져온 선글라스가
강렬한 햇빛을 차단해 준다는 것을 알게 되었고,
스위스제 다용도 칼이 그들의 많은 도구와 손을 대신한다는 것도 알게 되었다.
사진기만 있으면 가족의 모습을 담을 수도 있고,
차가 있으면 좀 더 빨리 가고자 하는 곳에 갈 수 있다는 것을
그들도 알게 된 것이다.
하지만 이 모든 것은 돈이 있어야만 살 수가 있는 것들이고,
그들이 가진 야크를 내다 팔아야만 얻을 수 있는 것들이었다.
전에는 누구도 가난하다는 생각을 해본 적이 없었으나,
이제 그들은 그것을 살 수 없는 것을 '가난'이라고 부른다.
관광이라는 것은 필연적으로 현지의 자연과 문화와 삶에 영향을 미치고,
결정적으로 그것을 파괴하는 힘을 지녔다.
이것은 또 다른 침략이고,
그곳을 여행하는 나 또한 어쩔 수 없는 침략자일 수밖에 없다.

#016
카오산
로드

지금 이 순간 얼마나 많은 사람들이 여행하고 있는가를
가장 극명하게 보여주는 곳이 있다면, 방콕의 카오산 로드다.
여행이 시작되고, 여행이 끝나는 곳.
카오산 로드에는 별의별 사람들이 다 있다.
여행이 끝난 여행자,
웃통을 벗고 거리를 활보하는 젊은이,

최대한 지저분하게 수염을 기른 늙은이,
온몸에 호랑이 그림으로 타투를 한 스패니시,
가능한 한 모든 곳에 피어싱을 한 히피,
유모차에 갓난아기를 끌고 여행하는 일가족,
노란 승려복을 입은 파란 눈의 아저씨,
여행 왔다가 장사꾼으로 눌러앉은 인도인,

Captures
the Spirit
of Everyday
Connection

무조건 떠나와 무작정 여행하는 보헤미안,
애당초 가야 할 곳이 없었던 아나키스트,
온갖 다양하고 독특한 다국적 군상이 모두 카오산 로드에 있다.
이곳에서는 모든 인종이 평등하고,
모든 여행자가 동등하다.
젊음과 열기와 낭만과 여유와 환락과 일탈이
적당히 뒤섞이고 버무려진 곳.
카오산 로드에서는 마치 모든 사람들이 다 함께 여행하고 있는 느낌이다.
모두가 여행자이거나 보헤미안이고, 히피와 집시라는 생각이 든다.
카오산의 수많은 여행자도 떠나기 전에는
우리처럼 평범하게 출근하고 노동하고 퇴근하던 사람들이었다.
우리와 다를 바 없이 공부하고 애 키우고
잠깐씩 친구도 만나 수다 떨던 사람들이었다.
그들은 모두 떠나는 순간 여행자가 되었고,
이곳에서 자유인이 되었다.
여행자는 이곳에서 모든 것을 해결한다.
미얀마나 라오스로 가는 항공권을 구하거나 낡은 배낭을 교체하고
침낭을 팔아서 반팔 티셔츠와 샌들을 구입하고
페루에서 방금 도착한 배낭여행자를 만나 남미 이야기를 듣거나
6개월 이상 카오산 로드에서 장기 체류하는 베테랑 여행자에게
카오산의 야사를 전해 들을 수도 있다.
카오산에서는 노천카페에 죽치고 앉아
지나가는 사람 구경만 해도 하루가 금방 간다.
배가 출출하면 길거리 손수레에서 20밧짜리 팟타이로 속을 달래고,
입안이 까칠하면 과일 수레에서 파는 열대과일 한 봉지만 있으면 된다.
좀 더 사치를 부리자면,
코코넛쉐이크를 시켜 먹거나 싱하 맥주로 목을 축이고,
저녁에는 톰얌꿍을 먹으러 가면 된다.

#017
여행
가고 싶다

사람들은 종종 커피를 마시다 말고 카페 창밖을 보며 "아, 여행 가고 싶다!"
고 말한다. 그러면 옆에 앉아 있던 친구는 "나도." 하고 맞장구를 친다. 그들
은 지금 여행 갈 수 없기 때문에 여행 가고 싶은 것이다. 하지만 막상 시간이
남아 "어디로 가고 싶어?"라고 물어보면 "뭐, 글쎄 아무 데나." 하면서 얼버무
린다. 어디론가 가고 싶지만, 거기가 어딘지는 스스로도 생각해본 적이 없다.
가고자 한다면 가야 하는 게 여행이다. 그곳이 어디든, 일단 떠나고 보는 게
여행이다. 무작정 떠난 뒤에 이유를 갖다 붙이는 것도 나쁘지 않다. 차를 몰고
서울에서 20km만 벗어나도 공기가 다르다. 굳이 멀리 갈 필요도 없다. 여행
은 '지금 이곳'의 나를 '여기'가 아닌 곳으로 잠시 데려가는 것이다. 여행이란
더 이상 한가한 한량이나 부유한 계급의 특권이 아니다.

여행은 이제 일상이고 실천이며, 실현 가능한 로망이고, 언제든 복귀 가능한
일탈이다. 거긴 너무 위험해, 거긴 너무 멀고 거긴 너무 힘들어, 라고 미리부터
핑계 대기 시작하면 여행은 점점 어려운 불가능의 문제로 남게 된다. 처음부
터 망설이면 망설이다가 끝나고 만다. 일단 저지르고 보는 것이다.

모든 생을 통틀어 오늘이 당신의 가장 젊은 시간이다. 만일 여행을 가기로 마
음먹었다면, 오늘이 바로 최적의 순간이다. 내일이 되면 당신은 오늘 하지 못
한 것들을 후회하게 될 것이다. 여행은 평생처럼 순간을 사는 일이다. 짧지만
눈부신 순간을. 지금 이 순간에도 전세계의 수많은 사람들이 어딘가로 떠나
서 어딘가를 여행하고 있다.

018

지옥의
점프

카와라우 다리 번지점프대의 안내원들은 모두 저승사자다.

그들은 이곳의 점프대를 '지옥의 문'이라 부른다.

"어디서 왔나?"

"한국."

"번지 경험은 있나?"

"없다."

영어가 짧아 대답도 짧았다.

그들 중 한 명이 나를 점프대에 세웠고, 발목에 밧줄을 묶었다.

"준비됐나?"

"됐다."

"자 그럼, 지옥에나 가라. 쓰리 투 원 제로~!"

나는 정말로 큰맘 먹고 점프대에서 뛰어내렸다. 그때였다. 두 명의 안내원이 갑자기 45도 이상 기울어진 내 몸과 뒷덜미를 잡아채 올렸다. 깜빡하고 고리를 걸지 않았다는 것이다. 빌어먹을, 욕이 저절로 나왔다. 하마터면 그대로 떨어져 카와라우 계곡물과 함께 흘러갈 뻔한 것이다. 두 안내원은 대수롭잖게 미안해, 하고 사과를 했다.

"자 그럼, 다시 지옥에 갈래?"

점프에 대한 공포심보다 안내원에 대한 적개심으로 나는 씩씩거렸지만,
다시 점프대에 섰다.
"쓰리 투 원 제로, GO~!"
질끈 눈을 감고 뛰어내렸다. 죽다 살아난 몸, 될 대로 되라! 다시 눈을 떴을 때
는 몸이 수면에 닿을 듯 떨어졌다가 다시금 공중으로 솟구쳐 올랐을 때다. 그
렇게 나는 생의 처음이자 마지막으로 번지점프를 했다. 기분이 어땠느냐고?

다시는 하고 싶지 않다, 제기랄.

그런데 라오스에서 그때의 악몽이 되살아났다. 루앙프라방 외곽의 메콩 강변
에 이르렀을 때다. 30m는 족히 되어 보이는 나무의 꼭대기쯤에 한 소년이 양
팔을 새 깃털처럼 흔들며 서 있었다. 설마 뛰어내리려는 건 아니겠지, 하는 순
간 소년은 공중으로 휙, 몸을 던졌다. 갑자기 나는 카와라우 다리에서 뛰어내
리던 순간이 떠올라 몸서리쳤다. 밑에서 구경하던 내가 더 오금이 저렸다. 하
지만 소년은 양 팔을 깃털처럼 펄럭이며 우아한 포즈로 안전하게 메콩 강으로
입수했다. 눈으로 보면서도 믿기지가 않았다. 이런 믿을 수 없는 모습은 계속
해서 펼쳐졌다. 또 다른 세 명의 아이들도 저마다 나무 중간쯤에서 차례차례
새처럼 날아올랐다. 그건 다이빙이 아니라 거의 비행에 가까웠다. 아름다운
비행 소년들. 갑자기 찾아온 나의 악몽도 메콩 강과 함께 흘러갔다.

PS. 뉴질랜드 퀸스타운 근교의 카와라우 다리는 세계 최초의 번지점프대가 설치된 곳이다. 높
이는 43m, 다리 아래로 에메랄드빛 광채 나는 계곡물이 아름답게 흘러간다. 그 물과 함께 나
도 흘러갈 뻔했다.

019

기다리는 게 일

몽골에서는 기다리는 게 일이다. 목마른 염소는 물을 기다리고, 어린 목동은 길 잃은 양을 기다린다. 사막의 유목민들은 거의 모든 것을 기다린다. 언제 내릴지 모르는 비와 울란바토르로 대학을 보낸 딸과 더 많은 생필품과 더 넓은 목초지를. 울란바토르 칭기즈칸 공항에서는 종종 기다림의 한계를 시험할 때가 있다. 내가 무릉을 가기 위해 공항에 도착했을 때는 오후 3시였고, 비행기는 4시 30분에 출발 예정이었다. 하지만 비행기는 5시가 지나도록 뜰 기미가 보이지 않았다.

내가 할 일은 기다리는 일밖에 없었다. 가져온 가이드북을 읽으며 기다리고 노래를 흥얼거리며 기다리고, 아예 눈을 감고 기다렸다. 그런데 공항에서 기다리는 현지인들의 자세가 무척 흥미로웠다. 그들은 마치 내일까지 기다려도 괜찮다는 듯 느긋했다. 아니, 그곳에서 여름 한 철을 나도 괜찮다는 표정이었다. 더 흥미로운 건 외국에서 온 여행자들의 태도였다. 그들은 하나같이 여기는 몽골이니까, 몽골에서는 기다리는 게 일이니까, 인생은 기다리는 거니까, 하는 표정으로 현지인들만큼이나 느긋했다. 모두가 느긋하니 혼자서 조바심을 부릴 수가 없었다.

기다림이 익숙해질 무렵 대기실의 문이 열렸다. 기다린 지 3시간 만이었다. 밖에는 추적추적 비가 내리고 있었다. 탑승 완료. 그런데 잠시 후 기장의 안내 방송이 흘러나왔다. 기상악화로 비행기가 뜰 수 없다는 거였다. 탑승객들은 도로 짐을 챙겨 대기실로 돌아왔다. 아무도 투덜거리거나 항의하는 사람이 없었다. 여기는 몽골이니까. 창밖을 살펴보니 바로 앞에서 번개가 내리쳤다. 그때였다. 공항의 승무원과 직원들이 무언가를 한 바구니씩 들고 나타났다. 샌드위치와 음료수였다. 4시간 정도 기다림의 대가였다. 사람들은 불만은커녕 맛있게 샌드위치를 먹고, 음료수를 마셨다.

다시 또 기다리기, 지루함, 기다림의 연속이었다. 그렇게 무려 8시간을 기다려 대기실의 문이 다시 열렸다. 밤이 깊었고, 비행기는 드디어 활주로를 날아올랐다.

#020
터무니 없는
약속

대개 남자들은 사랑하는 여자일수록 터무니없는 약속을 한다.
여자들의 어리석음은, 내 남자만은 그 약속을 지킬 것이라고 믿는 데 있다.

#021
설국

"터널을 빠져나오자 雪國이었다."

가와바타 야스나리의 〈설국〉이 생각나는 오후였다.
삿포로역을 빠져나오자 설국이었다.
가는 날부터 눈이 오더니
오는 날까지 줄곧 눈이 내렸다.
하지만 삿포로에 간 이상 눈을 즐길 줄 알아야 한다.
이를테면 삿포로역에서 스스키노까지 천천히 눈 속을 걸어보는 거다.
스스키노에 도착해 따뜻한 사케 한잔을 마신 뒤,
다시 눈 오는 거리를 나서보는 거다.
희미하게 폭설 속을 걷는 사람들.

김이 새는 교자집 앞을 지나는 여행자의 설렘과
수염이 텁수룩한 어느 보헤미안의 무기력함과
그저 인생이 즐거워 보이는 소녀들의 명랑함과
아이 셋에 짐이 한 보따리인 어느 엄마의 심란한 기다림이
눈과 함께 버무려진 풍경들.

이곳에서는 설국이 은유가 아니라 현실이고,
풍경이 아니라 인생이다.

#022
오체투지로
라싸까지
1년

중국의 타궁에서 왔다는 런저 스님은 한낮의 뙤약볕을 뒤집어쓴 채 오체투지로 뜨거운 아스팔트를 따라가고 있었다. 티베트를 여행하다 보면 더러 이런 풍경을 만날 수 있다고는 하지만, 눈앞에서 그 광경을 보는 건 처음이었다. 나는 그에게 생수를 건네며 조심스럽게 말을 걸었다.

"어디서 왔는가?"
"타궁에서 왔다."
"어디로 가는가?"
"라싸로 간다."
"왜 가는지 물어도 되나?"
"라마로서 한 번은 가야만 하는 길이다."
"그렇게 오체투지로 말인가?"
"그렇다. 다들 이렇게 간다."
"이렇게 가면 라싸에는 언제쯤 도착하는가?"
"1년쯤 걸린다. 더 걸려도 상관없다."
"타궁에서 여기까지는 얼마나 걸렸나?"
"4개월 걸렸다."
"혼자서?"
"혼자서!"
"먹는 것과 자는 것은 어떻게 해결하나?"
"저기 뒤로 보이는 마을에 짐수레가 있다. 거기에 내가 먹을 식량과 필요한 것들이 실려 있다. 마을이 보이지 않을 때는 그냥 길에서 잔다."
"그럼 다시 저 마을로 되돌아가야 하는가, 1km를 다시?"
"그렇다. 내가 가고자 한 만큼 오체투지로 가서 올 때는 걸어서 수레까지 온다. 수레를 끌고 다시 여기까지 와야 하니까."

"굳이 이렇게 하는 이유는?"
"이건 라마로서 경전을 읽는 것과 같다. 나는 지금 몸으로 경전을 읽는 중이다."

스님에게 나는 10위안짜리 지폐를 가죽치마에 찔러주고는 고개를 숙였다. 보통 오체투지로 라싸까지 가는 스님들은 길거리에서 사람들이 공양하는 돈과 식량으로 하루하루를 견디며 간다. 다행히 티베트에서는 이렇게 오체투지하는 스님들에게 기꺼이 공양하는 것을 아끼지 않는다. 가난하고 쪼들리는 사람들이지만, 자신이 해야 하는 오체투지를 '그'가 대신해 주고 있으므로 그에게 하는 공양은 곧 자신을 위한 것이라고 여긴다.

여기서 며칠 후면 나는 흔들리는 차에 실려 라싸에 가 있을 것이지만, 그는 여전히 몸으로 경전을 외우며 저 팍팍하고 뜨거운 길 위에 엎드려 있을 것이다. 사실 그가 라싸에 가려는 이유와 내가 라싸에 가려는 이유는 확연히 달랐다. 그가 생각하는 라싸까지의 물리적 거리와 내가 생각하는 물리적 거리도 엄청난 차이가 있었다. 차를 타고 가는 나의 라싸보다 되레 오체투지로 가는 그의 라싸가 훨씬 가까워 보였다. 그가 라싸를 멀게 느꼈다면 애당초 이런 무모한 모험을 감행하지도 않았을 것이다.

그에게는 이것이 모험도 여행도 아닌 수행이며 참선이고 독경이다. 아마도 나는 평생을 가도 그가 만나려는 라싸를 만나지 못하리라. 라싸에 도착해서까지 나는 라싸에 가기 위해 내내 차를 타고 있어야 하리라. 런저 스님은 환하게 웃었다. 나는 웃을 수가 없었다.

PS. "잠 못 드는 사람에게 밤은 길다. 피곤한 사람에게 길은 멀다." ―법구경

023

몽골의
아이들

이 오염되고 훼손된 지구에서 아직도 유일하게
원초적인 자연의 삶을 꾸려나가는 곳이 있다면, 몽골이다.
그러므로 몽골의 아이들은 어쩔 수 없이 선량한 자연의 후손이고,
그럴 수밖에 없는 땅의 자식들이다.
몽골의 아이들에겐 초원과 사막이 학교이고, 양 떼와 말과 낙타가 스승이다.
이 아이들은 아장아장 발걸음을 내딛는 순간, 말고삐를 잡는다.
한국의 아이들이 초등학교 들어가기 전부터 유치원과 학원에 다닐 때,
이 아이들은 말고삐를 잡고 초원과 언덕과 사막을 공부한다.
한국의 아이들이 컴퓨터와 TV를 보고 있을 때,
이 아이들은 초원의 지평선과 구름을 시청한다.
어느 쪽이 더 불행한가, 행복한가는 중요한 것이 아니다.
어느 쪽이 더 아름다운가도 중요하지 않다.
중요한 것은 이 아이들은 그렇게 평생을 살면서도
우리처럼 불평과 불만, 불안 속에 놓여 있지 않다는 것이다.
고작해야 게르 한 채에 양 떼 50마리를 키우며 살아도
언제나 우리보다는 그들이 더 행복해 보인다.
언제나 부족을 느끼며 더 많이 가지려는 쪽은 우리다.
언제나 남을 딛고 올라서 이기려는 쪽도 우리다.
도대체 우리는 왜 무엇 때문에 그토록
눈에 불을 켜고, 입에 칼을 물고 사는 걸까.
세상에는 분명 멈추지 않으면 보이지 않는 것들이 있다.

그럴 땐 멈춰서야 한다.

우리는 이 멋진 세계를 천천히 음미하기 위해 세상에 태어났다.

#024
우리는
더 행복해졌는가

자동차는 우리에게서 산책의 즐거움을 앗아갔고,
오락기는 우리에게서 놀이의 즐거움을 빼앗아버렸다.
TV는 좀 더 많은 것들을 봐야 할 우리의 시야를 근시안으로 만들었고,
휴대폰은 만남의 소중함과 뜻하지 않은 인연을 밀쳐버렸다.
컴퓨터는 우리에게 독서의 순간을 앗아갔으며,
러닝머신은 우리에게 길의 질감을 느낄 기회를 박탈해버렸다.
그 모든 이기들은 우리를 자연으로부터 멀어지게 만들었고,
감정의 여완을 차단해버렸다.
그래서 우리는 더 행복해졌는가, 라고 묻는다면
십중팔구는 고개를 가로저을 것이다.

#025
이별하기에는
너무 추운 곳

사거리에서는 헤어지지 말자.
뒷모습이 슬픈 그녀를 보고 싶지 않다.
택시를 타고 미련 없이 떠나도 좋으련만,
한 시간째 버스를 기다리는 그녀를 보고 싶지 않다.
함박눈이 퍼붓는 한밤중에는 더더욱 헤어지지 말자.
삿포로의 겨울은
이별하기에 너무 추운 곳이므로.
삿포로의 저녁은
이별하기에 너무 아름다운 곳이므로.

#026
나도 시간이 아주 많은
어른이 되고 싶었다

"나는 에밀을 존경했다. 그는 내 눈에 진정한 어른이었다. 알아야 할 것을 모두 아는 사람. 그리고 시간이 많은, 그것도 아주 많은 사람. 나는 에밀과 같은 어른이 되고 싶었다. 그가 떠오를 때마다, 이런 내 소원은 거의 이루어질 뻔했다는 생각이 든다. 내가 그에게 뭘 배웠는지는 모르겠다. 그러나 무척 많이 배웠다는 것. 그리고 그가 나에게 많은 영향을 준 사람 가운데 한 명이라는 것은 알고 있다. 예를 들어 역에 있을 이유 없이, 그러니까 특별히 하는 일 없이, 감탄하며 무언가 구경하거나 자세히 관찰하지 않고서도 그저 거기서 서성이는 법을 배웠다. 그냥 여기 있기, 그냥 존재하기, 그냥 살아 있기."
– 페터 빅셀, 〈나는 시간이 아주 많은 어른이 되고 싶었다〉

나도 그랬다. 시간이 아주 많은 어른이 되고 싶었다. 내가 3년 만에 직장을 때려치우고 방랑을 시작한 것도 그 때문이었다. 출근시간이 훨씬 지나 정오가 가까운 시간에 일어나 천천히 선착장을 거닐고 싶었다. 월요일 오후에 카메라를 둘러매고 느긋하게 교외를 떠돌고 싶었다. 하지만 프리랜서가 되고서야 결코 프리랜서라는 직업이 프리하지 않다는 것을 알게 되었다.

생계를 위해서는 더 많은 원고를 써야 했고, 더 많은 야근도 불사해야만 했다. 마감 때문에 휴일도 따로 없었다. 물가는 오르는데 원고료는 오히려 깎이기 일쑤였다. 실제로 15년 전 원고료와 지금의 원고료는 그대로이거나 오히려 삭감되었다. 경기침체로 밥줄이었던 사보나 잡지 같은 매체들은 줄줄이 폐간되었다. 시간이 아주 많은 어른이 되기에는 글러버린 것만 같았다. 프리랜서

에게 시간이 아주 많다는 것은 그만큼 일이 없다는 것이고, 일이 없다는 것은 곧 생존의 위협을 의미하는 것이었다. 그리하여 내가 인생의 침체기에 맞선 극약처방은 간단하다. 아플 때 더 아파 보는 거. 더 이상 나쁠 게 없다는 거.

해서 나는 가장 어려운 시기에 통장을 탈탈 털어 여행을 떠났다. 한 해의 절반을 여행만 다닌 적도 있다. 여기서 내 병이 낫지 않아도 상관없다고 생각했다. 여행의 결과보다 여행 자체를 즐기기로 했다. 어차피 이 병은 자가치유가 되지 않는 것이므로. 수중에 잔고가 남지 않았음은 물론이다. 다행히 나는 파산하지 않았다. 틈틈이 아프게 쓴 책은 그동안 다닌 여행경비를 메워주었고, 다음 행선지로 떠날 것을 부추겼다. 어떤 책은 필름값도 나오지 않았지만, 여행만으로 충분했으므로 괘념치 않았다. 오히려 극약처방 이후 나에게는 마음의 여유가 생겼다.

최소한 시간이 없어 발을 동동 구르는 어른이 되지는 않았다. 가장 최근에 다녀온 루앙프라방과 삿포로에서 나는 그것을 누렸다. 시간이 많은 어른의 날들을. 한가하고 게으른 게스트하우스에 머물며 빈둥거리기, 뒹굴뒹굴하며 천장에 붙은 도마뱀을 구경하기, 나무늘보처럼 통나무 위에 올라앉아 메콩 강을 바라보기, 걷는 것이 지겨우면 자전거를 한 대 빌려 교외의 산골마을로 떠나기, 오후 내내 사원의 고양이와 놀아주기, 눈 내린 삿포로 시내를 걸어서 여행하기, 카페에 죽치고 앉아 사람 구경하기, 그냥 천천히 먹기, 서성거리기, 그냥 거기 있기.

#027
나무늘보처럼

일본에는 '나무늘보클럽'이란 게 있다. 나무늘보가 되자는 모임이다.
그들이 말하는 슬로건은 '슬로우'다. 천천히, 게으르게 살자 뭐 그런.
그렇다고 그들이 아무 일도 안 하고 나무늘보처럼 집안에 매달려 있는 건
아니다. 그들은 되도록 전기나 가스 같은 에너지를 쓰지 않고
지구를 보호하는 삶의 방식을 실천하느라 나무늘보보다는 바쁘게 산다.

사실 나무늘보라는 게 그렇다.
적게 움직이는 만큼 적은 에너지를 사용한다.
일주일에 한 번 녀석들은 나무에서 내려와 배설을 하는데,
반드시 자신에게 나뭇잎을 제공한 나무 아래 땅을 파고 배설한다.
그 배설물이 결국에는 자신에게 돌아오는 잎이 될 거라는 걸 아는 거다.

하지만 나는 알고 있다. 내가 나무늘보가 될 수 없다는 것을.
그래서 기껏 생각해낸 것이 어느 여행지를 가든
최소한 하루 정도는 나무늘보가 되자는 것이다.

느릿 느릿

빈 둥 빈 둥

뒹 굴 뒹 굴 .

PS. "현대 세계에는 여가라고는 거의 없다…… . 그 결과 영리한 사람은 많아졌지만 지혜로운 사람은 줄어들고 있다. 지혜란 천천히 생각하는 가운데 한 방울 한 방울 농축되는 것인데 누구도 그럴 시간이 없기 때문이다."

– 버트런드 러셀, 〈런던통신 1931–1935〉

028

그 이발소

그곳의 이발소는 머리가 아니라 머리통을 자를 것만 같았다.
다리가 놓인 강변에 마치 푸줏간처럼 허술한 지붕과 문을 달고,
그렇게 땡볕 속에서 이발소는 머리가 지저분한 사람을 기다렸다.
하지만 내가 보기에 정작 이발을 해야 할 사람은 그곳의 이발사였고,
면도가 필요한 사람도 마찬가지였다.
금방이라도 이발소에서 작두만 한 면도칼을 들고 이발사가 뛰쳐나올 것만
같았고,
나는 머리가 지저분했기 때문에

서둘러 그곳을 빠져나왔다.

타임슬립

여행은 타임슬립Time slip(시간을 앞질러가거나 거슬러가는 일)이다.
이를테면 티베트의 산중마을에서 나는 30년 전의 내 어린시절을 경험했다.
분명 동시대에 존재하지만 전혀 다른 지층연대가 그곳에 있었다.
몽골 알타이를 여행할 때는 전혀 다른 행성에 와 있다는 희한한 감정에
사로잡히기도 했다.
라오스에서는 원시의 풍경 속에서 벌거벗은 아이들과 멱을 감았고,
벨기에의 몇몇 도시에서는 갑자기 중세시대로 떨어져 성당과 종탑을
기웃거렸다.
전혀 다른 지층연대로 나를 이끈 타임머신은 종종 연착되긴 했지만,
커다란 고장 없이 나를 현실세계로 복귀시켰다.
하지만 그럴 때마다 나는 어김없이 시차적응에 애를 먹었다.
30년 전 지층연대를 당나귀의 걸음으로 거닐다가
느닷없이 공항버스를 타고 시속 100km로 달리자니 현기증이 났다.
버려두었던 휴대폰의 전원을 켜자 수십 통의 부재중 전화가 와 있었고,
컴퓨터 메일함에는 수백 통의 메일이 쌓여 있었다.
나는 다시 호전적이고 경쟁적이며 이기적인 세상에 던져져 있었다.

030

국립공원
관리국에서
하지 말랬잖아

흔히 캐나다에서는 아이가 첫 번째이고,
여자가 두 번째이며, 개가 세 번째라는 말이 있다.
말할 것도 없이 남자는 맨 마지막이다.
아이와 여자와 개의 천국.
그리고 무엇보다 캐나다는 야생동물의 천국이다.
캐나다의 동물 사랑은 실로 극진하여
야생동물 보호에 앞장서는 국립공원관리국의 말 한마디가 곧
법이나 다름없다.
흔히 캐나다에서는 "그건 국립공원관리국의 금지사항이야!"라고 한마디 하면
그것으로 끝난다.
그래서 가끔 캐나다 사람들은 일상생활에서도 최상급 부정을 표현할 때
이렇게 말하곤 한다.
"그건 국립공원관리국에서 하지 말랬잖아!"
그렇게 말하면 대부분 하지 않는 게 상책이다.

#031
여자들만의
마을,
비헤인호프

여자들만 살던 '여자들만의 마을'이 있다. 비헤인호프^{Begijnhof}. 벨기에 지역에 남아 있는 비헤인호프는 헨트^{Ghent}를 비롯해 브뤼헤와 안트베르펜, 리르, 디스트 등 12곳에서 볼 수 있는데, 모두 유네스코 세계문화유산으로 지정돼 있다. 비헤인호프는 일종의 수도원 보호소로서, 주로 과부(전사한 군인의 부녀자들), 보호자가 없거나 순결을 맹세한 소녀들, 수녀들이 살던 마을을 가리킨다.

헨트 시가지 서북쪽에 위치한 비헤인호프는 사방이 성과 같은 벽으로 둘러싸인 곳으로, 벨기에에서도 비헤인호프의 원형이 가장 잘 보존된 곳으로 손꼽힌다. 철문을 열고 안으로 들어가자 고풍스러운 중세의 집들이 성당과 수도원 안뜰을 호위하듯 둥그렇게 에둘러 있다. 비헤인호프의 중심에 자리한 엘리자베스 성당^{St. Elisabeth}은 중세의 고색창연한 자태를 오늘날까지 고스란히 유지하고 있다.

비헤인호프가 일반인에게 조금씩 개방되기 시작한 것은 2차 대전 이후인데, 지금은 많은 일반인도 아예 이곳에 들어와 살고 있다. 이곳의 집값은 헨트에서도 가장 비싸기로 유명하다. 당연히 이제는 비헤인호프가 헨트에서 가장 부자들만 사는 곳이 되었다. 재미있는 것은 이곳이 세계문화유산으로 등재되면서 향후 99년 동안만 사유재산이 인정된다는 것이다. 무슨 말인가 하면 99년 후에는 다시 국가에 돌려줘야 한다는 얘기다.

그렇다면 언제까지 과거의 비헤인이 여기에 살았던 걸까? 헨트의 비헤인호프에 살았던 마지막 비헤인이 몇 년 전에 죽었다고 한다. 과거 비헤인호프의 여성들은 성처럼 둘러싸인 수도원 안에서 철저하게 외부와 단절된 생활을 했으며, 자수공예나 레이스 짜기, 태피스트리 등으로 생활을 유지했다. 본래 비헤인호프가 처음 생겨난 것은 13세기 십자군전쟁에서 희생된 전사의 아내들을 보호하고 수용하려는 목적이었으나, 점차 미혼여성과 빈민여성을 구제하는 보호소로 성격이 바뀌어갔다.

verboden te
parkeren

헨트에 있는 비헤인호프에 비해 규모는 약간 작지만, 브뤼헤^{Bruge}에 있는 비헤인호프(1245년)도 옛 원형이 제대로 남은 곳이다. 브뤼헤의 비헤인호프는 헨트와 달리 이제 수녀들의 거주지가 되었지만 옛날의 기운은 여전히 곳곳에 깃들어 있다. 이곳의 집들은 대부분 순결을 상징하는 흰 벽돌집으로 되어 있다. 성당 앞 정원은 잘 가꾼 나무들이 우거져 안개가 자욱한 아침이면 운치가 그만이다.

#032

결정적 순간

세상 모든 것은 결정적 순간을 산다. 사진은 그 순간을 잡아당긴다.
셔터를 누르는 그 짧은 순간에 모든 것이 결정된다. 순간 혹은 찰나.
현실과 풍경은 매 순간 달라진다. 오늘 걸어간 골목은 어제의 골목이 아니다.
같은 장소에서 매 순간 빛과 온도가 변하고 상황과 행위가 달라진다.
그 순간마다 사진은 달라지게 마련이다. 때로는 텅 비었고,
때로는 달빛이 잔잔히 비추며, 때로는 고양이 한 마리가 지나가는 골목.
그러니까 그것을 기록하는 일은 순간의 포착이다.
순간의 움직임. 순간의 빛. 순간의 공간. 순간의 표정.
시인이 순간의 생각을 순간의 언어로 적어가는 순간에
사진가는 순간의 풍경을 순간의 속도로 담아낸다.
누구나 한 번쯤은 보았을 브레송의 '물웅덩이를 건너뛰는 사람'이나
로버트 카파의 리얼한 전쟁 사진처럼.
분명히 사진은 순간 이미지다. 그러나 우리가 오해하는 부분이 있다.
순간을 시간 개념으로만 이해해서는 곤란하다는 것이다.
사진에서 말하는 결정적 순간은 오히려 존재론적인 찰나에 가깝다.
순차적인 시간의 돌출이 아니라 '존재의 번쩍하는 황홀한 순간'
같은 것이라고나 할까. 다시는 오지 않을 어떤 한 순간.
시공간과 존재가 만나는 어떤 한 순간. 직감으로 미끄러지는 생의 한순간.

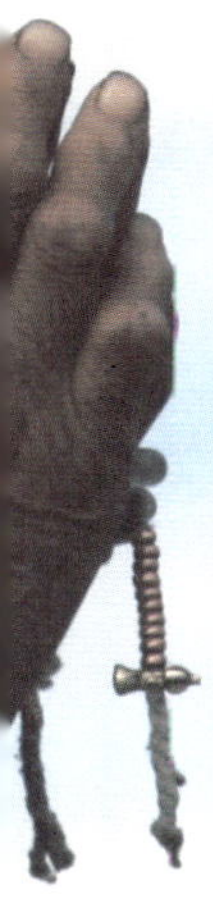

어떤 질서 속의 갑작스러운 균열. 서로 다른 이미지가 충돌하는 순간.
일상에서 반사적으로 출몰하는 사건. 어떤 강렬한 느낌의 황홀경.
직감보다 직관에 더 가깝다.
우리의 일상은 사건의 연속이다. 그 사건은 대부분 기록되지 않는다.
사진은 지나가면 그만인 것들을 향해 초점을 맞춘다.
누군가 찍지 않는다면 그것은 고스란히 잊히고 만다.
사건은 정치 경제 사회 문화적으로 도처에서 동시다발적으로 일어난다.
자연과 풍경 속에서도 사건이 될 만한 '결정적 순간'은 얼마든지 존재한다.
들판을 따라 길게 늘어진 길 위에 경운기를 몰고 오는 농부의 뒤로
세찬 바람을 견디며 서 있는 나무 한 그루.
이 동요할 것 없는 풍경 속에도 결정적 순간은 있다.
어디선가 갑자기 개 한 마리가 뛰쳐나오지 않아도 자연은
매 순간이 결정적 순간이다.
사진은 시간을 담는 그릇이다. 순간순간의 기록은 낱낱의 역사이다.
순간은 사진 속에서 영원하다. 사진의 힘은 바로 거기에 있다.
순간을 영원으로 붙들어 매는 힘.
미술비평가 존 버거는 "사진은 순간과 영원을 붙든다"고 말했다.
여행을 하면서 굳이 내가 사진을 찍는 이유다.
사진에서는 우연히 셔터를 눌렀더니 엄청난 것이 그 안에 있었다, 는
기적 같은 일이 종종 일어나곤 한다.
그러나 그것은 기적이 아니다. 사진에서의 우연은 필연을 동반한다.
그곳에 가야만 했고, 포커스를 맞춰야만 했던 필연이 없었다면,
그곳에서 일어난 우연도 있을 수 없다.

PS. "사진을 찍으면 어떤 장소의 아름다움을 보고 촉발된 근질근질한 소유욕을 어느 정도 달랠 수 있다. 귀중한 장면을 잃어버릴 것이라는 불안은 셔터를 누를 때마다 줄어든다. 아니면 아예 우리 자신을 물리적으로 아름다운 장소에 박아놓을 수도 있다. 우리 자신이 그 장소 안에 좀 더 확실하게 존재한다면, 그 장소도 우리 안에 좀 더 확실하게 존재할 수 있을지 모르니까."
— 알랭 드 보통, 〈여행의 기술〉

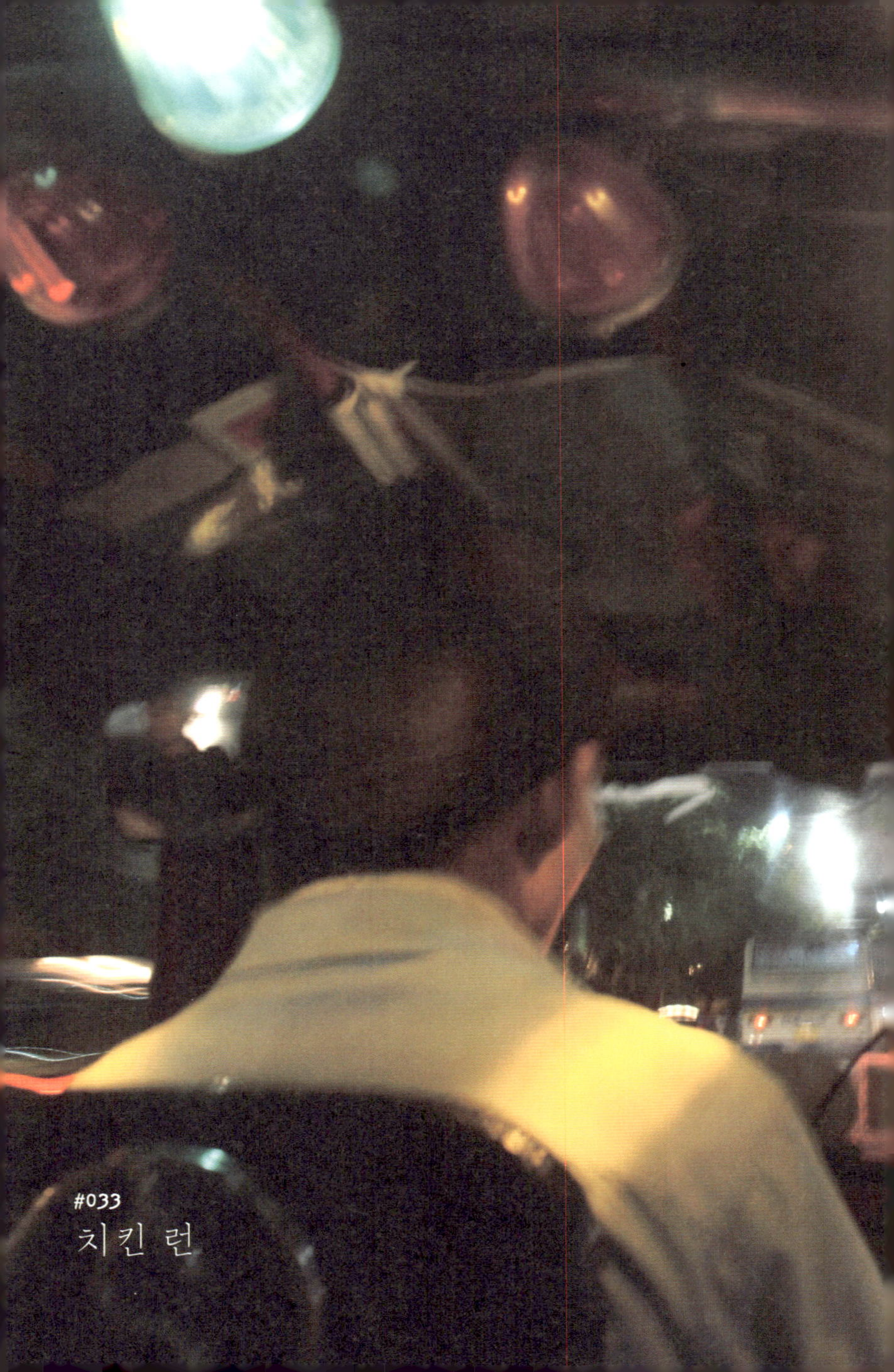
#033
치킨 런

니코스 카잔차키스는 말했다.
철학이나 관념 따위는 마분지에 쓰인 낙서에 불과하다고.
마분지는 기껏해야 염소나 씹어먹는 거라고.
그는 오로지 눈으로 보고 몸으로 느끼고 심장으로 관통하는 '여행'만이
본질에 이르는 길이라고 했다.
속는 셈 치고 한번 떠나보자.
아니타 데사이의 말처럼
"당신이 어디를 가든 그곳은 당신의 일부가 될" 것이다.
알랭 드 보통은 좀 더 과격하게 여행을 부추긴다.
"나는 집에 있다는 것에 절망을 느꼈다. 나의 삶을 보내야 할 곳 가운데
지구상에서 이보다 나쁜 곳은 찾아보기 힘들 것 같았다."
사실 머물고 있을 때마다
나는 떠나고 싶은 생각이 간절했다.
닭장에 갇힌 닭은
이 세상이 얼마나 광대하고 무변한지 알지 못한다.

034

조캉사원의
기타리스트

티베트 조캉사원에서 만난 독일 여행자 니콜라스는
한 달째 티베트를 여행 중이었다. 그는 보름 정도 티베트에 더 머물다가
일본에 갈 예정이라고 했다. 그는 3년째 아시아의 사원을 여행 중이며
몇 년 전 한국에 온 적도 있었는데,
부석사에서 받은 감동은 너무나 특별한 것이었다고 했다.
한번은 책에서 한국의 시를 읽은 적도 있는데,
독일의 시와는 완전히 다른 정신세계를 보여 주는 것이어서
인상적이었다는 말도 덧붙였다. 아마도 초면에 나를 소개하면서
한국에서 온 시인이라고 큰소리를 쳤기 때문에
그가 시 이야기를 꺼낸 듯했다. 그때는 무슨 생각이었는지
나는 전날 밤 수첩에다 끄적거려두었던 습작을 찢어 그에게 주었다.
"자 받아! 내가 쓴 시야!" 그 시는 나중에 〈조캉사원의 기타리스트〉란
제목으로 문예지에 발표하기도 했다.

1원을 주고 잠예 소리를 듣는다
잠예는 육현금,
팅길 때마다 향긋한 소리가 난다
세게 뜯으면 야크 우는 소리가 나고
살짝 팅기면 산양 우는 소리를 낸다
나이가 육십 줄은 되었을 기타리스트는
딱 1원 어치만 들려준다
잠예 소리는 흔해서
공짜로도 얼마든지 들을 수 있지만,

아무도 그가 내는 소리를 흉내 내지 못한다
히말라야를 건너온 요기마저
1원을 내고
흐느끼는 구름의 소리를 주문한다
구름의 소리는 어려워서 10원은 받아야 하지만,
기타리스트는 언제나 1원만 받는다
1원만 있으면 얄룽 강물을 들을 수 있고
1원만 있으면 수미산 젖은 달을 볼 수 있다
하지만 천하의 악공도
가끔은 잠예를 믿지 못해
남몰래 혀끝으로 소리를 맛보곤 한다
줄이 다한 소리는 꿰맬 수가 없으므로
한 번씩 그는 사원을 등지고
헐거운 잠예의 심금을 어루만진다.

– 이용한 〈조캉사원의 기타리스트〉 전문

만일 그가 한글을 읽을 줄 안다면 이건 내 취향이 아니군,
하면서 휴지통에 던져버렸을지도 모르겠다.
그는 답례로 내게 명함을 한 장 건넸는데, 거기에는
'사원을 여행하는 히치하이키'라는 닉네임이 달려 있었다.

PS. 잠예는 기타처럼 생긴 6현금 악기로, 흔히 조캉사원 앞에서도 잠예를 연주하는 걸인과 승려들을 더러 볼 수가 있다. 잠예는 그 소리가 해금과는 또 다른 매력을 지녔는데, 나는 그 소리에 이끌려 조캉사원 앞에서 일부러 1원을 내고 잠예 연주를 들은 적이 있다.

후지와라 신야가 쓴 〈티베트 방랑〉에 보면 경전을 먹는 개에 대한 이야기가 나온다. 이 붉은색의 들개는 사원에 자주 나타나 경전과 염주 같은 것을 훔쳐 가는데, 한번은 대대로 내려오던 300년 된 경전의 표지를 뜯어간 사건이 발생했다. 이때부터 많은 라마와 사원 주변의 사람들은 그 들개를 일러 '경을 먹는 개'라고 불렀다. 뒤늦게 한 라마가 이 경전의 표지를 찾아 떠돌다가 3년 뒤 개의 이빨 자국이 선명하게 나 있고, 일부는 뜯어먹은 흔적이 역력한 표지 조각을 드디어 들판에서 찾아냈다.

그는 그것을 가지고 사원으로 돌아왔지만, 다른 라마들은 더 이상 경전이라고 여기지 않아 그것을 불더미 속에 던져버렸다. 경전의 표지를 찾아온 스님은 뒤늦게 노발대발하며 그 경전이 타고 있는 불에다 마지막으로 소금차를 끓여 마셨다. 〈티베트 방랑〉에는 들개가 경을 훔친 이유를 이렇게 설명한다. 티베트의 사원에 있는 모든 경전에는 버터 냄새가 진하게 배어 있다. 그래서 들개는 때때로 이것을 먹잇감으로 여긴다는 것이다. 설명을 듣는 순간 '경을 먹는 개'에 대한 아름다운 환상은 깨져버렸지만, 나는 티베트를 여행하는 동안 내내 이 '경을 먹는 개'를 찾아 돌아다녔다. 가는 사원마다 들러서 '혹시 경을 먹는 개가 없나요?' 했더니 다들 나를 미친놈 보듯 했다.

036

곰을
초청한 파티

밴프에서 만난 조아나의 얘기다.

"그날 우리 가족은 가든에서 바비큐를 구우며 잔뜩 군침을 흘리고 있었죠. 그 때였어요. 저쪽에서 어슬렁어슬렁 회색곰 한 마리가 다가오는 거예요. 고기 굽는 냄새가 회색곰의 식욕을 자극했던 것이죠. 빙 둘러앉아 바비큐가 익기를 기다리던 식구들은 혼비백산 집안으로 피신해버렸어요. 회색곰은 오랜만에 인간이 차려준 바비큐 식사를 맛있게 해치운 뒤, 어슬렁어슬렁 가든을 떠났죠. 결국 바비큐 파티에 곰을 초청한 셈이 되었죠 뭐."

나는 너를
생각한다

비행기 이륙의 굉음이 귓가에 울릴 때 나는 너를 생각한다.
구름이 내려앉은 바닷가에서 나는 너를 생각한다.
시장에서 그린 파파야 한 개를 살까 망설이다가 나는 너를 생각한다.
카오산 로드 헌책방 앞을 지나며 나는 너를 생각한다.
얼음 띄운 망고주스를 마시며 나는 너를 생각한다.
양철지붕 처마에 올라앉아 비를 피하고 있는 고양이를 바라보며
나는 너를 생각한다.
차오프라야 강에 노을이 질 때 나는 너를 생각한다.
게스트하우스에서 알랭 드 보통을 펼쳐놓고 나는 너를 생각한다.
창문을 열고 눕는 아열대의 밤에 나는 너를 생각한다.
새벽 자원에 초승달이 떠 있을 때 나는 너를 생각한다.

다시는 함께할 수 없는 너를.

#038
잠시만
어깨를 빌려줘

누구나 처음에는 커피포트처럼 뜨거워지지.
하지만 나중에는 불탄 배처럼 가라앉게 마련이야.
알아 나도.
상처받지 않기 위해 더 열심히 사랑하지 않았다는 거.
단 한 번도 너를 위해 울지 않았다는 거.
누구와도 취할 때까지 마셔보지 않았다는 거.
하지만 지금 나는 이렇게 취해 있잖아.
그러니까 잠시만 어깨를 빌려줘.
달도 없는 무표정한 밤이잖아.
너무 춥잖아.

#039
산책하기
좋은 밤

루앙프라방에 와서 한 번도 빼놓지 않은 것이 한밤중에 산책하는 거였어. 말이 산책이지, 그건 거의 어슬렁거리는 거나 다름없었지. 해가 지면 메콩 강변의 게스트하우스에서 걸어나와 천천히 강변길을 따라 걷는 거야. 샴페인처럼 잦아든 열기, 조용함, 방랑, 가만히 걷기. 밤하늘의 모든 별들은 메콩 강으로 쏟아지곤 했지. 한참을 걸어가면 강변길이 어느새 칸 강변으로 이어지더군. 분명히 어제 걸었던 길을 다시 걸어가는데, 어제와는 다른 느낌이야. 어제는 강바람이 무릎을 스치는 길이었는데, 오늘은 달빛이 어깨에 쏟아지는 길이더군.

나의 걸음은 목적이 없었기에 언제든 그만둘 수도, 돌아올 수도 있었지. 나는 그냥 발바닥으로 길의 질감을 느끼고 싶었어. 샛길로 빠져 느릿느릿 어두운 골목을 기웃거리기도 했지. 매일 밤 루앙프라방에서 걷는 나의 유일한 목적은 목적지를 정하지 않고 가는 거였어. 루앙프라방에 온 이후로 나는 나무늘보처럼 빈둥거렸지. 어떤 날은 오후 내내 아무것도 하지 않을 자유를 만끽했어.

게스트하우스 청년은 점심때가 다 되어서야 어슬렁거리며 숙소를 나오는 게으름뱅이에게 독하고 시큼한 라오커피를 한 대접(커피잔이 대접만큼이나 컸어) 내왔어. 나는 빈둥빈둥 커피 한잔을 다 마시고 나무늘보처럼 라운지에 앉아 천장 벽에 붙어 옴짝달싹하지 않는 도마뱀을 구경했지. 나는 속으로 중얼거렸어.

"도마뱀보다 더 한가롭게 나는 게스트하우스에 머물렀다."
그냥 랭보의 시를 패러디해본 거야.

항상
엔진을 켜둘게

"기나긴 게 언제라도 출발할 수 있도록
항상 엔진을 켜둘게.
돌아오지 않더라도 난 여기에 서 있겠지,
아마 엔진을 켜둔 채"
– 넬리 스파이스, 〈항상 엔진을 켜둘게〉

〈항상 엔진을 켜둘게〉를 듣다가
엔진을 끈다.
네가 다시 돌아오지 않을 것을 알기에.
엔진을 끄고
음악을 끄고
마음도 끈다.
꺼지지 않는 달빛만 교교한 밤이다.

몽골에서
'늑대 같다'는 말

몽골에서는 여자에게 "암사슴 같다"고 말하는 것이
'가장 예쁘다'는 최고의 찬사이다.
반면 남자는 "늑대 같다"고 말하는 것이
'가장 용감하고 멋지다'는 뜻의 찬사이다.
우리나라에서의 늑대 같다는 표현과는 상반된 의미로 통한다.

몽골 사람들은 자신들의 조상이
처음 늑대와 암사슴 사이에서 태어났다고 믿고 있고,
이런 이야기는 신화로도 전해져온다.
그래서 몽골 사람들은 초원이나 구릉에서 늑대를 만나면
행운이 생길 거라고 말한다.
더러 유목민이 키우는 가축을 늑대가 물어가거나 다치게도 하지만,
몽골 유목민들은 이때에도 늑대를 잡기보다는 쫓아버리기만 한다.

042

영하 18도의 아침

5월이고, 영하 18도의 아침이에요.
몽골의 타리아트에선 손을 호호 불어가며 편지를 쓰죠.
편지를 쓰지 않을 때는 어김없이 장갑을 끼고 있어요.
오리털 점퍼를 입은 채 침낭에 들어가 있어도 온몸에 소름이 돋아 있죠.
망아지는 밤새 얼음이 뒤덮인 강변에서 울어요.
너무 추워서 새벽 여섯 시에 억지로 일어나 산책을 해요.
밤새 등짝이 얼었는지 걸을 때마다 빠지직 얼음 갈라지는 소리가 나요.

내가 처음 알타이에 간다고 했을 때, 사람들은 물었죠.
왜? 거기엔 뭐가 있지?
이유도 없고, 아무것도 없어요. 그냥 가는 거예요.
거의 하루종일 차를 타고 달려요. 달리다 보면 기어이 두세 번은 펑크가 나죠.
그럼 '빵꾸를 때우는' 동안 초원에 앉아 아픈 허리를 달래죠.
길 없는 초원의 길은 너무 덜커덩거리고,
이따금 사나운 말처럼 날뛰는 바람에 머리를 찧기 일쑤죠.
운전수는 말하죠. 머리에 혹이 다 아물 때쯤 알타이에 도착할 거라고.

알타이에 도착한 다음은?
다시 돌아오는 거죠. 사실 이번 여행은 허무에 가까워요.
울란바토르에서 7일 동안 달려서 알타이에 갔다가 이틀을 머문 뒤
다시 6일 동안 울란바토르까지 되돌아오는 거죠.
저녁에는 칭기스 보드카 한잔을 마시고 입김을 불어가며 편지를 써요.
여기까지 오는 동안 이제 겨우 스무 줄밖에는 못 썼지만,
굳이 다 쓰지 않아도 상관없어요.

어차피 편지는 부치지도 않을 거고,

알타이산맥의 바람에게나 들려줄 거니까.

043

벨기에
초콜릿

벨기에 헨트 인근의 한 농가를 방문했을 때의 일이다. 일요일 아침 식사가 끝나자 홍차와 함께 초콜릿이 디저트로 나왔다. 그중 몇 개를 맛보며 맛있다고 하자 주인은 근처의 초콜릿 공장에서 만든 것이라며 흡족해했다. 그러면서 집주인은 잘 포장된 초콜릿 상자를 두 개나 선물로 내주었다. 벨기에에서는 집을 방문할 때나 부활절, 생일이나 기념일이면 어김없이 초콜릿을 선물한다. 더더욱 크리스마스가 가까워져 오면 동네마다 초콜릿 가게가 성업을 이룬다.

벨기에에서는 지역마다 맛과 향이 독특한 수많은 초콜릿을 생산하는데, 이 또한 세계 최고를 자랑하는 벨기에 초콜릿의 힘의 원천이라 할 수 있다. 사실 초콜릿 왕국으로 불리는 벨기에에서는 브뤼셀을 비롯해 브뤼헤 등지에 편의점보다 흔한 것이 초콜릿 가게이고, 한적한 시골에조차 초콜릿 가게가 있는 것이 현실이다. 벨기에에서는 1년에 무려 14만 톤 이상의 초콜릿을 생산한다. 벨지안이 1년에 소비하는 초콜릿도 1인당 약 8kg에 이른다. 벨기에에서는 웬만한 소규모 초콜릿 공장에서도 최고급 초콜릿으로 꼽히는 프랄린^{Pralines}(프랄랭 백작에서 비롯됨)을 직접 제조한다. 프랄린은 초콜릿 재료에 품질 높은 크림과 마지펜(아몬드나 향을 내는 재료)을 배합한 뒤, 한 번 더 초콜릿으로 감싼 최고급 초콜릿 과자를 말한다. 세계적인 벨기에의 초콜릿 브랜드인 고디바나 코트도르, 노이하우스 등이 바로 프랄린으로 유명해진 브랜드들이다.

벨기에에서 가장 대중적인 초콜릿 브랜드로는 코트도르^{Côte d'Or}가 첫손에 꼽히지만, 선물용으로는 고디바^{Godiva}와 노이하우스^{Neuhaus}를 알아주는 편이다. 길리

안Guylian과 레오니다스Leonidas도 대중에게 널리 알려진 브랜드이다. 벨기에에서 널리 사랑받는 초콜릿 종류로는 역시 트뤼플Truffles이 첫손에 꼽힌다. 트뤼플은 초콜릿과 크렘 프레슈Creme fraiche(자연발생 효소에 유산을 첨가한 버터가 풍부한 크림) 등의 부드러운 혼합물을 둥글게 뭉쳐 그 위에 카카오 가루를 뿌려 터프한 느낌이 나도록 만든 초콜릿으로, 흔히 크리스마스나 기념일 선물로 가장 많이 팔리는 초콜릿이다.

마농Manons은 가장 보편적인 초콜릿으로, 가운데 크림을 넣고 초콜릿으로 감싼 제품을 말한다. 가나슈와 잔두야도 사랑받는 제품이다. 가나슈Ganache는 초콜릿과 크렘 프레슈를 섞어 주로 과자를 만드는 것이며, 잔두야Gianduja는 호두나 아몬드 같은 견과류 가루와 혼합한 제품을 말한다. 벨기에 초콜릿의 품질이 뛰어날 수밖에 없는 또 다른 이유가 있다. 벨기에에서는 100퍼센트 카카오 버터를 사용한 제품만을 초콜릿으로 부르며, 다른 나라처럼 카카오가 아닌 기름이나 버터를 첨가한 것은 아예 법적으로 초콜릿으로 표기할 수 없게끔 해놓았다. 이는 대부분의 나라가 다른 기름을 첨가하는 것과는 완전히 차별화된, 초콜릿 본래의 맛과 전통 방식을 지켜가려는 '장인정신'과도 같은 것이다.

레종 데트르

예상대로라면 나는 10시간 후에 프랑크푸르트 공항에 도착할 것이다. 거기서 다시 비행기를 갈아타고 한 시간 뒤에는 브뤼셀 공항에 가 있을 것이다. 비행기가 이륙하자 나는 스포츠 신문을 펼치고 느긋하게 프로야구 전적을 훑어본다. 옆에 앉은 남자가 자꾸만 고개를 기울여 신문을 훔쳐보지만, 개의치 않는다. 내가 신문을 내려놓고 창밖을 내다보자 옆 사람이 기다렸다는 듯 말을 건다.

"혹시 뮌헨에 가세요?"

그는 뮌헨에 가는 게 틀림없다.

"아뇨 브뤼셀에 갑니다."

"혹시 불어 할 줄 아세요?"

"아뇨."

"그렇다면 이 두 마디를 기억하세요. '레종 데트르 raison d'être'와 '세라비 C'est la vie'. 불어권 사람들이 툭하면 쓰는 말이죠. 맥주를 한 모금 마시고도 레종 데트르, 마시던 맥주를 흘려도 세라비."

친절하게 그는 레종 데트르는 '존재 이유'이고 세라비는 '그게 인생이야'라는 뜻이라고 말해준다.

"브뤼셀은 불어가 아니라 플라망어를 쓰는 걸로 알고 있습니다만."

머쓱해진 그는 "아무튼, 알아둬서 나쁠 건 없잖아요."라고 말하더니 입을 꾹 다문다(그는 이후 9시간 동안 말을 하지 않았다). 나는 신문지를 양쪽으로 펼쳐 담요 대신 덮고 창밖을 본다.

비행기는 3만 피트 상공의 구름 속을 날고 있다.
레종 데트르, 레종 데트르.
머릿속에 자꾸만 레종 데트르가 떠다녔다.

#045
고양이,
오블라디 오블라다

고양이는 노래한다. 오블라디 오블라다.

모든 건 괜찮아. 구름은 흘러가고 묘생도 흘러가지. 오블라디 오블라다.

나는 여기에 있고, 그럭저럭 일요일이니까. 오블라디 오블라다.

오늘은 아무 일도 일어나지 않았으니. 오블라디 오블라다.

괜찮은 암컷 어디 없나요? 오블라옹 오블냥냥!

샹그릴라

제임스 힐턴의 〈잃어버린 지평선〉에는
히말라야 남쪽 티베트 산중에 영원히 평화롭고 고요한
신비의 땅이 있다고 했지요.

사원은 금빛으로 빛나고, 아름다운 노랫소리가 그치지 않는 곳.
샹그릴라가 바로 그곳이죠.
흔히 '마음의 이상향'으로 불리는 곳.

내가 샹그릴라에 도착한 것은 가랑비가 흩뿌리는 봄이었어요.
푸른 칭커밭 사이로 유채꽃이 한창일 무렵이었죠.
고원의 산마루와 계곡, 마을과 사원이 아름답게 어울린 곳.

이런 풍경을 나는 비행기 차창을 통해 내려다보았죠.
구불구불 사행천이 휘돌아나가는 녹색 습지와
그 너머로 솟은 뭉툭하고 완만한 산마루.
계곡의 자욱한 안갯속으로 드러난 빛바랜 나무껍질을 닮은 촌락의 집들.

해발 3300m의 고원도시.
중국이 강제로 점령한 옛 티베트의 도시.
하지만 정작 도심의 풍경은 심심하고 무료할 따름이에요.

멀리서 샹그릴라를 보러 온 여행자들은
서둘러 이곳을 떠나려고 하죠.
사실 샹그릴라의 진면목은 도심을 벗어난 미지의 고원과 협곡에 존재합니다.

사람의 발길이 가 닿지 않는 신비의 푸른 달밭!
그리고 무엇보다, 본격적인 차마고도 여행이 이곳에서 시작되죠.
라싸까지 총연장 1740km에 달하는 머나먼 길.

그 길 앞에 나는 서 있어요.
이제 나는 8일 동안 저 길을 달려 라싸까지 가볼 참입니다.

Dust in the Wind

캔자스의 〈Dust in the Wind〉가 생각나는 밤이야.
적막 너머로 바람은 바이올린 간주처럼 흐르고 있어.
매일매일 반복되는 모래폭풍과 흙먼지를 뚫고
나는 알타이로 가는 중이야.
낮에는 수시로 변하는 구름을 받아적고
밤에는 언덕에 뜬 초승달을 중얼거리지.
외로울 땐 찬물에 커피믹스를 타 먹으며
있지도 않은 애인을 그리워하지.
황량한 벌판과 초원과 사막과 산맥을 지나
아무것도 없는 곳으로 가는 거야.
빈약한 곳에서 열악한 곳으로.
가난한 곳에서 쓸쓸한 곳으로.
모든 순간은 지나가 버리지.
바람 속에 흩날리는 먼지처럼.
내가 알타이에 왔다 간 흔적도 흔적 없이 사라지겠지.
내가 보았던 초원의 유목과 방랑도 잊혀지겠지.
먼 훗날 나의 여행은 혼몽한 기억 속에서만 아름답겠지.
캔자스의 더스트 인 더 윈드를 흥얼거리며
언젠가 나는 또 다른 곳을 여행하고 있겠지.

048

황혼의
발레

몽골은 혼자서 여행하는 것도 괜찮지만,
여럿이 함께 차를 빌려 여행하는 것도 나쁘지 않다.
누군가와의 동행은 혼자서는 할 수 없는 많은 것들을 할 수 있게 만든다.
함께 밥을 해먹고 함께 초원에 앉아 은하수를 바라보며 술을 마셔도 좋다.
실루엣이나 점프사진을 찍기 좋아한다면
고비는 최고이며 최적의 장소이다.
이를테면 멋지게 공중으로 뛰어올라 '황혼의 발레'를 추거나
직립보행에서는 불가능했던 기묘한 동작을 취해 보는 거다.
당연히 황혼 무렵에 일몰을 배경으로 해야 그럴듯하다.
고비는 모래땅이거나 초원이므로 설령 멋지게 뛰어올랐다가
잘못 떨어진다 해도
다칠 염려가 없다.
고비에서는 유럽 여행자들도 즐겨 점프사진을 찍는다.
그것의 재미는 우리와 다를 게 없다.
한번은 바얀작에서 독일 청년 한 명이 나에게 다가와
점프사진을 찍어달라며 여러 번 개구리 점프를 시도했다.
심지어 한국에서 온 일행과 함께 발레 포즈도 흉내 냈다.
나는 장난으로 그에게 일부러 더 많은 점프를 요구했다.
과도한 포즈도 함께.
"한 번 더, 좋아. 한 번 더! 이번에는 공중에서 돌려차기 좀 해봐!"
나중에 그는 거의 녹초가 되어 숙소로 돌아갔다.

049

그때는

그녀가 어디든 가자고 했을 때,
어디든 갔더라면.
그녀가 술잔을 비우다 말고 어깨를 들썩일 때,
가만히 안아주었더라면.
그녀가 무릎을 베고 누웠을 때,
모른척하고 입맞춤했더라면.
우린 달라졌을까.
그럴 수도 있었겠지.
하지만 그렇게 되지 않으려고

내 맘이 움직이지 않은 거겠지, 그때는.

떠났으니까 그리운 거겠지. 지금은.

모든
연애는
신파다

레오 카락스의 〈나쁜 피〉라는 영화가 있다. 거기에 이런 대사가 나온다.
"당신을 스쳐 간다면 난 모든 것을 스쳐 가는 거야!"
지금 생각하면 살짝 유치하다 싶은 이 대사에 나는 밑줄을 친 적이 있다.
〈소년, 소녀를 만나다〉에 나오는
"사랑은 오래된 언덕 같은 거라서 닳아지게 마련이야!"
이것도 어쩐지 신파스러운 데가 있지만, 노트에 옮겨 적은 말이다.
왕가위의 〈중경삼림〉에 나오는 독백도 종종 술자리 안주로 삼곤 했다.
"우린 만우절 날 헤어졌고, 난 농담만 했다. 헤어지더라도 그녀의 입가에
미소가 사라지지 않길 바라며. 그 후 유통기한이 5월 1일인 파인애플 통조림
을 모았다. 파인애플은 그녀가 좋아하는 과일이고, 5월 1일은 내 생일이다.
30개의 통조림을 살 때까지 그녀가 오지 않으면 우리의 사랑도 끝날 것이다.
만약에 사랑에도 유통기한이 있다면 나의 사랑은 만년으로 하고 싶다."
이 영화가 나올 때만 해도 "열 셀 동안 뒤를 돌아보지 않으면 날 사랑하지
않는 거니까……."와 같은 대사가 흔한 시절이었다.
이누도 잇신의 〈조제, 호랑이 그리고 물고기들〉에 나오는
"언젠간 그를 사랑하지 않는 날이 올 거야. 그리고 언젠가는 나도 당신을 사랑
하지 않겠지"라는 대사는 잔잔하지만 오래 머릿속을 떠돌던 말이었다.

사실 세상의 모든 연애는 신파다.
유치한 줄 알면서도 유치해진다.
가끔 그런 유치함이 그리울 때가 있다.

스퀼스텅

캐나다 인디언은 사시나무를 스퀼스텅 Squlstung 이라 부른다.
인디언 여자의 혓바닥이라는 뜻이다.
바람에 파르르 떨리는 이파리가
쉴 새 없이 떠들어대는 인디언 여자의
혓바닥을 닮았기 때문이다.
재스퍼의 패트리샤 호숫가에서
나는 그 무수한 혀들을 만났고,
수북이 낙엽 쌓인 혀의 무덤을 보았다.
오대산에서 시베리아로, 다시 로키로 이어진
어느 알타이어족 여인이
혓바닥으로 아프게 핥아온 길과
혀 안에 감추어야 했던 고통과
수많은 식구들의 입을 거느리고
사시나무 떨듯 눈보라 속을 헤쳐왔을,
쉴 새 없이 떨고 있는 어느 삶을
나는 입 다물고 본다.

수선이
필요한 건

자전거 타이어 펑크를 고치는 일은 간단하다.
본드로 구멍 난 튜브에 고무를 때우고, 펌프로 바람을 집어넣으면 그만이다.
체인이 고장 나면 체인을,
브레이크가 고장 나면 브레이크를 손보면 된다.
나는 자전거가 망가지지도 않았고,
망가진 자전거를 수리점에 맡기지도 않았는데, 망한 기분이 든다.
정작 수선이 필요한 건 기분이 어수선한 지금의 나다.
자전거 안장에 올라앉은 열두 살의 겁쟁이를
시골 읍내 자전거포에 내려놓은 이후로
나는 자전거 따위에는 눈길조차 주지 않았다.
그때부터였을 것이다.
자전거보다 더 빠른 것들이 나를 속도의 끝으로 밀어가기 시작했다.
어느새 자전거는 추억의 속도가 되었고,
고장 난 기억이 되어버렸다.
치지직거리는 잡음을 견디지 못하고 쓰레기통에 집어던진 CD플레이어처럼.
허리에 차고 다니던 시커먼 모토로라 삐삐처럼.
문방구에서 큰맘 먹고 샀던 공룡 인형처럼.
계속해서 나는 고장 난 것들을 버리며 살았다.
밤새워 투닥투닥 시를 쓰던 클로버 타자기와
5년 넘게 여행길에 만지작거린 필름 카메라와
유행이 지났다는 이유만으로 버려야 했던 리얼리즘 시집들과
그 속에 가득했던 혁명과 사랑의 밤들.

몽골 여행을
하고 나서

누군가 몽골여행을 하고 나서
"깨끗한 물과 수세식 화장실이 얼마나 큰 축복인지 알게 됐어요."
라고 말했다.
어쨌든 한 가지는 깨달은 셈이다.

순록과
함께 사는
차탄족

그들은 우리가 알고 있는 것보다 훨씬 강하고 신비로운 종족이다. 영하 40도의 날씨에도 아랑곳없이 순록의 등에서 잠을 자는 사람들. 순록을 타고 그들은 순록이 더 이상 가지 않는 곳까지 이동해서는 순록이 머물 때까지 그곳에 머문다. 그러다 다시 순록이 이동하는 시기가 되면, 순록이 가는 곳으로 길을 떠난다. 애당초 그들에게는 '고향'이나 '정착'이라는 말이 없으며, 지금도 몽골과 러시아의 국경을 오가며 진정한 노마드의 삶을 살고 있다.

그 때문에 인류학자들은 차탄족을 일러 전세계에서 가장 경이로운 부족이자 믿을 수 없는 부족이며, 원시적인 인류의 원형을 그대로 간직한 부족이라고 말한다. 그 비밀스러운 부족을 홉스골에서 만났다. 그들은 순록을 가축으로 길들여 그것을 말처럼 타고 다닐 뿐만 아니라 그것의 젖을 짜 먹고, 고기도 먹고, 사냥도 한다. 본래 야생동물인 순록은 길이 들면 순하지만, 몇 개월만 그냥 두면 도로 야생으로 되돌아간다. 그래서 차탄족은 초여름에 순록을 풀어놓고, 늦여름에는 순록을 매어놓고 키운다. 초여름에는 새끼들에게 젖을 먹이기 위해 어미가 다시 새끼 있는 곳으로 돌아오지만, 젖을 떼는 늦여름에는 어미가 돌아오지 않기 때문이다.

현재 차탄족은 몽골 최북단 홉스골 인근에 살고 있다. 홉스골 인근의 차탄족은 호수 주변의 타이가숲이 삶의 근거지인데, 여름이면 관광객을 상대로 호숫가까지 내려와 전통 천막인 오르츠를 세워놓고 장사도 한다. 차탄족의 전통 장신구와 생활용품을 팔기도 하고, 사진을 찍는 대가로 돈을 받기도 한다. 하지만 대부분의 차탄족은 자신들이 이렇게 전시용 박물관 대접을 받는 것에 대해 아주 못마땅해한다. 지구상 마지막 남은 원시적인 유목의 삶을 보

기 위해 어떤 서구의 관광객들은 수십 명씩 헬기를 대절해 차탄족 거주지까지 여행을 온다. 차탄족은 그들을 향해 이렇게 말한다. "그들은 우리 천막촌을 일방적으로 침략해 들쑤시고 다니다 기껏 돈 몇 푼 던져주고 사라지죠." 물론 그 돈을 벌기 위해 손을 내미는 차탄족도 점점 많아지고 있는 것 또한 엄연한 현실이다.

때마침 내가 차탄족 거주지에 도착했을 때, 그들은 천막 앞에 장신구와 생활용품을 잔뜩 펼쳐놓고 있었다. 이들의 천막은 몽골 할흐족 게르와는 그 모양새부터가 달랐다. 게르가 지붕이 둥그런 천막이라면, 차탄족의 오르츠는 우리나라의 김치움막처럼 뾰족한 원추형이다. 천막 가운데 난로가 있고 바닥에는 동물 가죽을 깔아놓았는데, 천막 구석에 젖먹이 아기가 이불에 싸여 새근새근 잠을 자고 있었다. 본래 이 가족도 여기서 좀더 떨어진 침엽수림에 살고 있으나 관광객을 상대로 돈을 벌기 위해 잠시 내려온 것이라고 한다.

하지만 여전히 차탄족 사이에서는 얼마나 많은 순록을 가졌느냐가 부의 척도이다. 다만 옛날과 달라진 것이라면 그들의 행동반경이 정치적 목적과 환경적 제약에 의해 제한받고 있다는 것이다. 이들의 미래가 매우 불확실하다는 것이다. 지금 이 시간에도 그들은 사라지고 있다는 것이다.

PS. 현재 전세계에 남은 순수한 차탄족(Tsaatan)은 겨우 200여 명 정도(또 다른 보고서에 따르면 80여 명)이다.

#055
프라이버시

내가 사는 곳 어디를 가나 프라이버시를 누릴만한 공간은 점점 사라져가고 있다. 이러다 화장실과 침실밖에 남지 않을지도 모른다. 밖으로 나가는 순간, 우리는 도처에서 CCTV를 만날 것이고, 휴대폰을 들고 있는 사람들과 마주칠 것이다. 그들은 내가 어떤 실수라도 하기를 바라면서 폰 카메라 스위치를 누를 준비를 하고 있다. 회사에서도 전철에서도 백화점에서도 음식점에서도 심지어 자동차 안에서조차 도로에 설치한 카메라와 블랙박스에 감시를 당한다. 나의 프라이버시는 이제 저 아마존 밀림이나 사하라 사막쯤 가야지만 용납될 지경이다. 그러니 우리는 두 가지의 대처방법을 강구해야 한다. 가끔 아주 먼 곳으로 떠나거나 더욱더 철면피가 되거나.

056

도로
위의
느낌표

몽골을 여행하다 보면 종종 느낌표(!)가 그려진 도로표지판을 만나게 된다.
처음에는 이것을 두고 나는 '길을 음미하라' 혹은 '느긋하게 길을 느껴라'
라는 식으로 자의적인 해석을 했다.

그러나 그게 아니었다. 이것은 길이 위험하다는 경고 표시다.
고비를 여행할 때와는 달리 알타이를 여행할 때면
협곡과 구릉을 번갈아 넘어가는 롤러코스터 같은 길을 숱하게 만나게 된다.
당연히 도로의 느낌표 표지판도 곳곳에서 만나게 된다.
개울을 건너야 하는 강변길에서도,
중간에 포장이 끊겨 공사 중인 포장도로에서도,
사막을 우회하는 모랫길에서도 어김없이 느낌표 표지판이 등장한다.

그러나 희한하게도 느낌표 표지판이 있는 도로를 지나면 어김없이
멋진 계곡이 펼쳐지거나 기막힌 초원의 언덕이 펼쳐지곤 했다.
녹록지 않은 위험을 넘어선 곳에 펼쳐진 그지없는 평화로움!
언제나 나는 도로의 위험보다는 위험의 끝에 펼쳐진 멋진 풍경을 느끼곤 했다.
그러니 처음에 생각했던
'길을 음미하라'는 생각이 틀린 것만은 아니었다.

057

빠바와
수유차

차마고도의 오지, 포우쌴 마을에서 길이 막혔다. 산사태가 난 것이다. 하필이면 점심 무렵이었지만, 이런 오지에 식당이 있을 리 없다. 이왕 이렇게 되었으니 나는 마을이나 한 바퀴 돌아보자고 마실에 나섰다. 큰길에서 비탈을 내려가 골목을 어슬렁거리는데, 한 할머니와 눈이 마주쳤다. 할머니는 말이 통하지 않는 내게 무슨 말인가를 계속 던지며, 손을 입으로 가져갔다. 처음엔 그것이 담배를 달라는 것인 줄 알고 담배를 꺼내 드렸지만 아니었다. 할머니가 답답했는지 집안으로 들어서며 손짓을 했다. 집으로 들어오라는 신호다.

무작정 할머니를 따라 집안으로 들어섰다. 할머니는 손자 대하듯 내 손을 끌어 부엌에 앉히더니 대나무 소쿠리 같은 것을 내놓는다. 소쿠리에 과자인지 빵인지 모를 음식이 가득하다. 내가 뭐냐고 물어보자 '빠바'라고 한다. 빠바는 빵과 같은 것으로 티베트의 주식이다. 할머니는 그것을 하나 집어 손에 쥐어주며 먹어보란다. 이미 빠바는 오는 중에 한두 번 먹어본 적이 있어 그것을 한 입에 다 집어넣었다. 배가 고픈 탓인지 빠바가 입에서 살살 녹았다.

할머니는 더 먹으라고 소쿠리를 아예 내 앞으로 밀어놓는다. 그리고는 수유차를 가져와 따라준다. 목기로 된 반찬통을 열어 소금에 절인 나물무침도 내온다. 이 소금에 절인 나물은 김치처럼 티베트에서 기본 반찬으로 먹는 것이다. 소금에 절인 나물은 너무 짜서 맛이 없었지만, 빠바와 수유차는 맛이 썩 좋아서 시장기를 달래기에는 그만이었다. 이들은 손님이 오면 언제나 차를 내오는데, 잔을 비우면 곧바로 채워주는 게 예의다. 그것도 모르고 나는 따라주는 대로 벌컥벌컥 마셔버렸다. 할머니는 내 앞에 앉아 계속해서 차를 따랐다. 거의 열 잔은 넘게 마신 것 같다. 수유차만으로 배가 부를 지경이었다.

배고픔을 해결하고 나서야 나는 부엌이자 거실인 공간이 눈에 들어왔다. 오른쪽에 식탁과 긴 나무의자가 있고, 왼쪽의 주방은 아궁이 같은 화덕자리를 중심으로 벽면에 그릇과 반찬을 두는 찬장이 붙어 있다. 방으로 들어가는 문 앞에는 수유차를 만드는 돔부가 놓여 있고, 소쿠리 같은 것이 여러 개 쌓여 있다. 방문 앞에 신발은 보이지 않았다. 아무래도 할머니 혼자 사는 듯한 집안 분위기였다. 마당 앞에는 마구간이 있고, 당나귀 한 마리가 갸릉거린다. 더 머물며 집안 구경을 하고 싶었으나, 길이 뚫렸는지가 궁금해 더 있을 수가 없었다.

내가 그만 간다고 일어서자 할머니는 가면서 먹으라고 빠바를 한 주먹 집어주신다. 아마도 길이 막혀 밥도 못 먹고 쫄쫄 굶었을까 봐 할머니는 일면식도 없는 이방인을 불러 식사를 대접한 거였나 보다. 차와 음식을 다 주시고도 서운하신지 할머니는 내가 손을 내밀자 내 손을 꼭 쥐고는 마당 끝까지 따라오신다. 찻길까지 다 올라와 뒤를 돌아보니, 그때까지도 할머니는 거기 서서 손을 흔들고 있다. 그 옛날 돌아가신 어머니가 고향집 마당에 나와

'어여 가~!'
하는 것처럼.

할머니는 거기 어머니처럼 오래 서 있었다.

058

사라진
시간

사람들이 많아진 만큼 인심은 더 각박해졌습니다. 비행기와 고속철이 생기면서 목적지까지 더 빨리 가게 되었지만, 우리는 더 바빠졌습니다. 태블릿 PC에 스마트폰까지 생겼지만, 해야 할 일은 더 많아졌습니다. 결혼은 늦어졌고, 결혼해서 집을 사기까지 더 많은 돈과 더 많은 시간이 필요합니다. 도로는 거미줄처럼 늘어났지만, 자동차는 길 위에서 더 많은 시간을 낭비합니다. 학생들은 눈에 불을 켜고 공부하지만, 그 흔한 길가의 풀꽃이나 나무 이름조차 모릅니다. 대학을 나오고도 어떤 결정을 내려야 할 때, 스스로 판단하지 못하고 부모에게 물어보기도 합니다.

TV와 인터넷에서는 실시간으로 재미있는 이야기들을 쏟아내지만, 웃음은 점점 사라지고 있습니다. 인간의 이기심은 우리에게 속도와 편리함을 선물했지만, 그 속도에 뒤처지지 않기 위해 우리는 휴식을 잃어야 했습니다. 휴식을 빼앗긴 삶은 암울합니다. 우리는 옛날보다 더 늦게 자고 더 일찍 일어나지만, 우리에겐 언제나 시간이 부족합니다.

그 많던 시간은 다 어디로 갔을까요?

빨간풍선을 날리며 놀던 어린아이는 어디로 갔을까요?

하루종일 소꿉장난을 해도 저녁이 멀기만 했던,

어린시절 내가 손목에 차고 있던 시간은 어디로 사라진 거죠?

PS. "역사상 그 어느 때도 자유민이 이토록 전적으로, 일이라는 한 가지 목적에만 온 에너지를 바친 적은 없었다."

— 에리히 프롬

#059
스님,
청소는 언제
다 하시려고

루앙프라방 싹카린 거리에 위치한 왓농 사원은
라오스 어디에서나 볼 수 있는 그저 그런 평범한 사원이다.
아침 공양이 끝나고 나면
사원에서는 하루 일과처럼 청소를 하는데,
왓농 사원 법당에서 나는 어린 스님들의 청소하는 모습을
한참 재미있게 구경했다.
8명의 어린 승려들이 법당 청소를 하는 중이었다.
그중 가장 나이가 어려 보이는 스님 한 분은 법당 바깥의 입구와 계단을
열심히 혼자서 빗자루질하고 있었고,
나머지 7명은 법당 안에 제멋대로 눕거나 앉아서
청소시간이 끝나기만을 기다리는 듯했다.
아예 한 스님은 천장까지 닿는 먼지털이개를 들고 누워서 장난을 치고 계셨다.
이 순간만큼은 승려가 아니라
그저 놀고 싶은, 나이 어린 소년에 불과했다.
염불 대신 농담을 하고
불공 대신 장난을 치는 소년들.
나에게는 염불하는 승려보다 이렇게 노는 소년이 훨씬 보기에 좋았다.
내가 한참 넋 놓고 구경하는 동안
먼지털이개 승려와 나는 정확히 눈이 마주쳤다.
내가 살짝 웃음을 짓자 어린 승려 또한 특유의 '라오스의 미소'로 화답했다.
그러고는 여전히 먼지털이개 장난을 하신다.
청소가 아니라 청소놀이를 하고 있다.
그것을 바라보는 부처님도 그저 흐뭇해서 미소가 번지실 거다.
그나저나 저렇게 놀기만 하면 이 넓은 법당 청소는 언제 다 하시려나.

060

그냥

사람들은 묻는다.
"알타이에는 무엇이 있나?"
그럴 때마다 나는 억지로 대답했다.
"그곳엔 아무것도 없어요. 아마도 그럴 겁니다."
"그럼 거기엔 뭣 하러 가는 거지?"
"그냥!"

'그냥'이란 말은 꼭 이럴 때를 대비해 생긴 말인 것만 같다.
여행을 가는 데 꼭 이유가 있어야 하나.
이유 없이 그냥 나는 알타이에 도착했다.

뼈의 노래

뼈를 묻겠다는 신념은 부질없죠.
뼈만 남은 의지도 곤란해요.
여긴 사막이거나 초원이고,
적막이 지배하는 세상인걸요.
뼈는 그 자체로 족보이고 가계죠.
그것이 고비를 횡단해왔는지,
대초원 델게르를 떠돌았는지는 알 수가 없어요.
다만, 여기서 생을 다했다는 것만이 유일한 흔적이고 이력이죠.

누군가는 청명한 달밤에 초원을 돌아다니는 뼈를 보았다 하고
누군가는 거죽을 뒤집어쓴 뼈 한 마리와 밤을 보냈다고도 하죠.
어차피 이런 전언을 믿을 사람은 없어요.
셔터를 누르는 순간, 뼈의 노래는 사라지고 없죠.
노래가 떠난 곳에 저렇게 뼈만 남아서
밤새 뼈아픈 후회만이 앙상하게 빛나죠.

달팽이 구경

달팽이가 탁자를 기어올라 커피잔에 이를 때까지
내가 한 일이라곤 기어가는 달팽이를 구경하는 거였어.

이따금 메콩 강을 건너는 나룻배에 눈길을 주기도 했지만,
내 눈은 달팽이에게 더 끌렸어.
(메콩 강은 수많은 것들이 익사한 빛깔로 흘러간다.)

달팽이는 커피 받침대에 이르러
커피잔을 기어오를까 잠시 고민하더니
탁자를 내려가기 시작했어.

달팽이가 커피잔에서 탁자를 다 내려가 바닥에 닿을 때까지
내가 한 일이라곤 기어가는 달팽이를 구경하는 거였어.

라오 커피는 다 식었고,
식은 커피도 그런대로 먹을 만했어.

달팽이는 옆 테이블로 자리를 옮겨
다시 느릿느릿 탁자를 오르고 있었어.

시간이 강변의 코코넛 열매처럼 익어가는 날이었어.

초원의
무지개

고비에서 비를 만나면 3년이 재수 좋다는 말이 있지요.
재수 좋게 나는 고비 가는 길에 비를 만났어요.
느닷없이 먹구름이 몰려오더니 소나기가 쏟아졌죠.
빗방울은 차창을 투닥거리고, 지프는 길 위에서 투덜거렸죠.
비 오는 고비.
야트막한 구릉을 지나자 믿을 수 없는 풍경이 펼쳐졌어요.
초원의 이쪽에서 저쪽까지 무지개가 걸쳐 있는 거예요.
그것도 무지개 위에 또 하나의 무지개가 떠서 쌍무지개였지요.
난생처음 보는 쌍무지개.

무지개 사이를 건너가는 양 떼와 야생마 몇 마리.
너무나 비현실적이고, 너무나 몽환적인 풍경.
나는 차에서 내려 미친 듯이 비를 맞고, 미친 듯이 소리쳤죠.
어쩐지 그래야 할 것 같았어요.
여기는 서울의 한복판도 아니고,
나그네의 미친 함성은 곧바로 초원에 흩어지고 말 것이므로.
나중에는 카메라를 내려놓고
동심으로 돌아가 무지개를 향해 신나게 내달렸죠.
만일 운전수가 돌아오라고 손짓만 하지 않았더라면
지금까지도 나는 그곳에서 무지개를 찾아 헤매고 있을지도 몰라요.

#064

그냥
거기
청춘

성공한 사람들은 말한다. 아프니까 청춘이라고. 그러니까 그냥 견디라고. 나는 동의하지 않는다. 청춘이라서 아픈 것이 아니라 인간이라서 아픈 거다. 감정이 있으니까 아픈 거다. 청춘에게 더 많은 아픔의 요소가 도사리고 있는 건 사실이지만, 아프니까 청춘이라는 말에는 불순한 의도가 숨어 있다. 그 아픔의 배경이나 구조적인 슬픔은 배제되어 있다는 거다. 구조적인 아픔 대신 희생을 강요하고 있다는 거다. 대학을 졸업해도 취직이 되지 않는 현실, 취직을 해도 결혼이 늦어지는 현실, 결혼을 해도 집 장만하기가 어려운 현실.
청춘이기 때문에 이런 사회적인 모순까지도 앓아야 한다는 건 너무 가혹하다. 청춘이 무슨 특권은 아니지만, 청춘을 핑계 삼는 것도 옳지 않다. 통과의례처럼 청춘이 시련을 동반해야 한다는 건 구조적인 모순을 일방적으로 청춘에게 짐 지우는 일이다. 시련이 아니라 실연이라면 얼마든지 감내할 수 있다. 인생의 가장 중요한 연애는 청춘의 몫이므로, 그에 따른 실연도 청춘이 짊어져야 할 짐인 것만은 분명하다.

아프니까 청춘이라는 말, 어쩌면 그건 잘났다고 떠들어대는 1%의 기만일지 모른다. 그들은 자신의 성공 뒤에는 아픔이 있었다고 말하고 싶은 거다. 거기에 어떤 배경이나 후원 대신 아픔과 절망을 끼워 넣음으로써 좀 더 그럴듯해 보이고 싶은 거다. 그러나 난 성공했다고 하는 그 성공이라는 것에도 동의할 수 없다. 시간을 누리지도 못하고, 가진 것을 베풀지도 못하면서 오히려 더 가지려고 광폭해지는 인생. 그런 것이 성공이라면 굳이 성공할 필요도 없고, 그것을 위해 노력할 필요도 없다.

아무튼, 내가 하고 싶은 말은 간략하다. 어쩔 수 없는 것 때문에 아픈 건 어쩔 수 없더라도, 청춘이 아파야 한다는 망언 때문에 굳이 아플 이유는 없다는 것. 지금 이 순간을 즐길 필요가 있다는 것.

065

차마고도의
마지막 마방

까마득한 벼랑 아래로 황토색 란창 강이 란창란창 흘러간다. 건너편 절벽을 보니 실오라기처럼 이어지는 차마고도의 옛길이 아찔하게 걸려 있다. 도무지 사람이 다닐 것 같지 않은, 설령 다닌다고 해도 한 발만 삐끗하면 곧바로 란창 강이 집어삼키는 위험천만한 길이다. 그 위태로운 길 위로 세 명의 마부가 10여 마리의 말을 앞세워 소금짐을 싣고 간다. 차마고도의 오랜 상인조직인 마방(말이나 노새, 당나귀를 이용해 차와 소금 등을 거래하고 운반하던 상인조직)의 무리다.

사실상 옌징에 남아 있는 마방의 무리는 차마고도 교역로를 오가는 마지막 마방이나 다름없다. 이들은 옌징을 마지막 근거지로 삼고 있는데, 당연히 옌징의 소금이 이들의 전통을 아직까지 유지하게 한 원동력이다. 소금 짐을 싣고 아슬아슬하게 뻗친 오르막을 다 올라온 마방의 행렬은 산중마을로 이어진 낭떠러지 벼랑길을 위태롭게 이동하고 있다. 이 위험하기 짝이 없는 벼랑길에서 마방들은 짐을 싣지 않은 말일지라도 절대로 올라타는 법이 없다. 고원과 협곡에 부는 잦은 회오리바람에 말이 몸을 가누지 못해 마부를 벼랑으로 떨어뜨리는 사고가 이곳에서 종종 일어나기 때문이다.

사실 저런 벼랑길에서 맞바람이라도 맞닥뜨리게 되면, 멀쩡하게 두 발로 걸어가는 것조차 어렵다. 나는 조마조마한 심정으로 마방의 행렬이 산중마을까지 무사히 올라가는 것을 보고 나서야 소금계곡으로 발길을 돌렸다. 에움길을 돌아서자 눈앞에 펼쳐진 소금계곡의 진풍경. S자로 휘돌아나가는 란창 강을 사이에 두고 다랑논처럼 양쪽 계곡에 빼곡히 들어선 것들이 모두 염전이다. 소금밭에서 일하는 소금꾼은 거개가 여자들이었다. 이곳의 여자들은 남자들도 하기 힘든, 소금물을 퍼 나르고, 소금밭을 고르고, 소금을 생산하는 모든 일을 다 한다. 남자들은 그렇게 생산한 소금을 실어나르거나 내다 판다.

소금계곡이 있는 옌징에서는 소금짐을 나르는 마방을 만나는 것이 별로 어렵지 않은 일이다. 옌징을 벗어난 외곽에서도 나는 한 무리의 마방과 마주쳤다. 세 명의 마부와 여섯 마리의 말. 대장은 미라 씨(53)였다. 일행은 말에 싣고 온 갈색 마포자루를 내려놓고, 안장과 마구도 다 풀어 내린 뒤, 여섯 마리의 말을 근처의 풀밭으로 내몰았다. 마방의 휴식은 차를 끓이는 것으로 시작된다. 일행의 우두머리인 미라 씨는 찌그러지고 때가 시커멓게 낀 양재기에 물을 붓고는 칼로 덩어리차를 숭덩숭덩 잘라 넣는다. 그에 따르면 하루에 열 잔 이상의 차를 마신다고 한다.

"어디까지 가나?"

"망캄까지 간다."

"얼마나 걸리나?"

"말을 끌고 가면 4일 걸린다."

미라 씨 일행은 처음 보는 나에게 보따리를 풀어 커다란 빠바를 권했다. 손으로 한주먹 뜯어 입에 넣었으나, 먹기가 쉽지 않다. 내내 먼지 날리는 길을 걸어온 터라 빠바에서는 모래와 먼지가 아작아작 씹혔다. 이건 숫제 먼지빵이다. 옌징에서 망캄까지는 112km나 되는 거리. 그들은 4일 동안 길에서 자고 길에서 먹으며 망캄까지 걸어가야 한다. 옛날 마방에 의해 운반된 보이차가 유난히 맛있는 까닭이, 말 등에 실려오는 동안 말 땀 냄새가 배고 그것이 고원의 바람에 섞여 차의 발효를 도와 그렇다는 얘기가 있다. 말이 차를 실어오는 동안 차는 발효가 더해지는 셈인데, 본래 덩어리차로 거래되는 보이차는 발효가 잘된 것일수록 맛도 좋은 법이다.

미라 씨는 말한다. "마방은 길에서 먹고 길에서 잔다. 그러다 길에서 죽기도 한다. 그게 마방의 운명이다."

10년 넘게 길 위를 떠돌아다닌 여행자를 입 다물게 만든 한마디.

066

그래야 한다면
그래야 한다

"그래야 한다면 그래야 한다." – 베토벤

오래도록 나는 이 말에 밑줄을 긋고 살았다.
티베트 차마고도에서 산사태로 길이 막혀
하루를 꼬박 오도 가도 못하게 되었을 때도 나는 속으로 중얼거렸다.
그래야 한다면 그래야 한다.
한때 자유기고가로서 자유만 있고 기고가 없던 시절에도
나는 가만히 중얼거렸다. (시인 김경주는 〈레인보우 동경〉에서 이렇게 말했
다. "자유기고가는 두 종류야. 자유만 있되 기고가 없거나, 기고는 있되 자유
는 없는.")

그래야 한다면 그래야 한다.

체념해야 할 때조차 미련을 버리지 못한다면
공연히 안절부절하다가 마음만 다치고 만다.
쓸데없이 마음을 폭발시켜 화를 당할 수도 있다.

이를테면 섬에서 태풍으로 발이 묶였을 때,
아무리 발을 동동 굴러봐도 소용이 없다.
그럴 때는 체념만이 유일한 극복의 방법이다.

체념은 나쁜 것이 아니다.

더 이상 어찌할 수 없을 때, 너무 악화되어 손을 쓸 수 없을 때,
그것은 마음의 평화를 가져다준다.

그러나 살다 보면 종종 포기하지 말아야 할 때가 있다.
생존을 위해, 사랑을 위해 분명히 싸워야 할 때가 있다.
도무지 참을 수가 없어서 항거해야 할 때는 항거해야 한다.
이때는 '그래야 한다면 그래야 한다'가 전투의지를 고취시킨다.

체념과 신념 속에서 오늘도
그래야 한다면 그래야 한다.

067

히말라야 살구

티베트 시가체 시장에서 히말라야 살구를 샀다.
여섯 개에 6위안.
세 끼째 먹은 야크고기와 양고기 요리가 너무 느끼해서
히말라야 살구를 샀다.
이것이 오늘 나의 저녁이다.
우리나라 민박집 수준인 호텔에 돌아와 나는 살구를 씻어 탁자에 놓고
하나씩 깨물어 먹는다.
시큼하고 달콤한 히말라야 살구의 맛.
히말라야 바람과 햇빛이 고스란히 과육에 담긴 살구의 맛.
순간 왈칵, 하고 눈물이 났다.
살구 서리 가서 맨발로 오르던 열두 살의 살구나무가 불현듯 떠올랐다.
그 어린시절의 맛이 났다.
생각만 해도 입에 시큼하게 침이 고이는 맛.

#068

고비,
발목으로
느끼는

지금까지의 시간은 덜컹거렸지만,

이제 사막에서의 시간은 서걱이고, 미끄러질 것이다.

낙타 없이는 가기가 어려운, 바퀴도 발목도 푹푹 빠지는 길.

나는 짐짝 같은 몸을 낙타에 맡긴다.

낙타가 걸음을 옮길 때마다 내 몸도 덩달아 기우뚱거린다.

내가 기우뚱하고 불완전한 존재임을 확인시키는 낙타의 교훈이다.

사막에 가까워질수록 나는 기우뚱, 낙타와 한몸이 되어간다.

그리고 드디어 낙타의 느린 걸음이 나를 사막에 내려놓는다.

난생처음 나는 사막의 모래를 발목으로 느낀다.

한발한발 디딜 때마다 발목이 잠긴다.

이런 사막에 빠지기 위해 나는 왔다.

내가 보려 한 것은 애당초 사막이지, 사막의 형식이 아니다.

비유로서의 사막이 아닌, 발목이 감지하는 사막.

사구의 꼭대기로 겨우겨우 발을 옮기면서

나는 이 낯선 행성에 '던져진 나'를 본다.

그리고 사막의 궁륭에 뜬 낮달과 맹렬한 직사광선과

모래 물결무늬를 제압하는 시리도록 푸른 하늘과

사막의 한복판에서 보란 듯이 싹을 틔운 갸륵한 새싹을 본다.

저 사막을 횡단할 것인가, 는 처음부터 생각해보지 않았다.

나에겐 고비에 와서 사막을 느끼는 것이 간절했고,

모래의 진원지를 밟아보는 게 절실했다.

사구의 꼭대기에 올라 말없이 모래의 시간을 본다.

커다란 바위가 으스러져 모래알이 되는 억겁의 시간 앞에서

나는 오래 침묵했다.

#069
그대가 좋았지

나이가 들어갈수록 과거를 추억하게 된다.
현재가 외로운 사람도 마찬가지다.
"그때가 좋았지."
어떤 사내는 추억 속의 그녀에게 안부를 묻기도 한다.
따지고 보면 그때가 지금보다 나을 것도 없었는데,
독재와 가난과 싸우던 시절이었음에도, 우리의 눈은 아련해진다.
어려운 시절의 행복한 기억.
확실히 시간이 추억을 미화시킨다.
현재의 불만족과 상관없이 옛날은 옛날이기 때문에 아름답다.
기억은 늘 지루하고 불쾌한 순간들을 증발시키고,
기쁘고 행복한 순간들만 남겨놓는 경향이 있다.
알랭 드 보통의 말을 빌리자면
"현재는 너무 결함이 많기 때문이다."

#070
낙타의
노래를
들어라

아침에도 초원, 저녁에도 초원.
어제도 초원, 오늘도 초원.
끝이 보이지 않는 지평선.
초원의 끝에서 해가 뜨고, 초원의 끝으로 해가 진다.
가도 가도 초원이다.
이 광대무변한 초원에서는 어쩌다 만나는 바위마저 반갑다.
다섯 시간을 달려서 만나는 오아시스 같은 마을이 감개무량하다.
저녁에 만난 게르 숙소에 여장을 풀면 지붕 위로 점점이 잔별이 뜬다.
말로만 듣던 은하수가 고비를 향해 흘러간다.
가만히 귀 기울여 보면 초원에서 낙타의 울음소리가 들려온다.
그 기묘한 울음은 처음에는 심란한 마음을 흔들어놓더니
나중에는 달뜬 마음을 진정시킨다.
한 사흘 그 소리를 듣다 보면 자장가처럼 편안해진다.
잠이 오지 않을 땐 낙타의 노래를 들어라.
하루는 낙타의 노래가 들리지 않아 일부러 게르 밖으로 나왔다.
주인장이 묵는 게르에서 마두금 소리가 흘러나오고,
또다시 낙타의 노래가 들려온다.
지독한 고독이 그 노래를 듣는다.
꽃이 지듯 하늘에서 하나 둘 별똥별이 진다.
별똥별이 지는 그 짧은 순간
나는 어디에도 없는 당신의 안녕을 빌었다.

#071
환상 게이트

프랑크푸르트 공항의 환승 게이트에서는
누구나 SF 영화 속의 주인공이 된다.
꿈인지 생시인지 분간할 수 없는 환상 게이트.

방금 내 앞을 스쳐 간 소년은
B612 소행성을 떠나 불시착한 어린왕자이고,
저 은회색 케이스를 끌고 가는 아저씨는
은하수를 여행하는 히치하이커가 분명하다.

072

매혹

여행을 떠난 악마가 있다면 몹시 지루해할 것이다.
그들은 낯선 풍경에 매혹되지 않을뿐더러
아름다운 풍경을 보고도 하품만 해댈 것이므로.

#073
그림자
이론

그림자는 내가 이 세상에 던져진 사실을 가장 극명하게 보여주는 하나의 단서이며, 반영체이다. 그것은 현상적으로 빛이 사물을 통과하지 못해 발생하는, 다시 말해 물체가 빛을 차단함으로써 생겨나는 일종의 그늘 현상이지만, 문학적으로는 또 다른 자아의 투영이고, 심리학적으로는 인격의 무의식적인 반영이다. 심리학자인 C.G.융은 그림자 이론을 통해 자아의 전혀 알지 못하는 속성을 이야기했다.

가령 이런 것이다. 한밤중에 도둑이 어떤 집을 털고 나와 달빛에 비친 자신의 그림자를 보고 부끄러워하거나 죄책감을 느끼는 것은 그림자를 통해 나와 전혀 다른 어떤 자아와 맞닥뜨렸기 때문이라는 것. 어떤 부당한 상태에 처한 인격은 종종 그림자와 대립하고, 그림자는 때때로 도덕적인 곤란 속으로 자아를 몰아간다. 그림자는 인격에게 그건 바람직한 이미지가 아니야, 라고 말한다. 누군가는 현대화된 문명사회에 갇힌 인간상을 "그림자를 잃어버린 사람들"로 묘사했다. 그림자가 없다는 것은 자기 자신을 2차원적 존재로 만들어버렸다는 거다. 몸의 또 다른 자아인 그림자를 잃어버림으로써 3차원적 존재성을 잃어버렸다는 거다. 어린시절 우리는 종종 그림자놀이를 통해 그림자보다 큰 즐거움을 얻은 기억이 있다. 그건 그저 그림자놀이였을 뿐인데, 그림자가 단순히 그림자로만 느껴지지 않았던 기억. 요만한 내가 거대한 나무만큼 커졌던 기억. 그것이 자아의 투영이든 그저 그림자일 뿐이든, 그림자는 그것을 보는 자아에게 언제나 묘한 감정을 불러일으킨다.

내 것이기도 하고 내 것이 아니기도 한, 어떤 알 수 없는 연대감과 분리감과 선과 악과 본질과 현상과 마음의 낮과 밤 같은 것. 그림자가 아닌 내가, 그림자인 나에게 카메라를 들이대는 이 미묘한 미메시스의 경험 같은 것. 어린시절처럼 키득키득 웃지도 못하는, 어쩌면 웃음을 잃어버린 초췌한 어른의 그늘 같은 저 그림자에게 나는 가만 손을 내밀어 본다. 춥다.

074

말 보러 간다

몽골에서는 화장실을 갈 때 '말 보러 간다'고 말한다.
그것도 모르고 눈치 없이 '같이 가자'고 하면 곤란하다.
몽골은 대도시를 벗어나면 따로 화장실이 없다.
눈앞에 보이는 초원과 벌판이 그냥 화장실이다.
자연의 화장실.
그러나 지평선이 보이는 몽골 초원에서
여성들이 '말 보러 가기'란 여간 쑥스러운 일이 아니다.
언덕도 없고, 바위도 없다면 더욱 난처하다.
이때 여행자에게 필요한 것이 바로 돗자리다.
한 사람이 돗자리로 가려주고
다른 사람이 돗자리 뒤에서 말을 보면 된다.
냄새는 어쩔 수가 없다.
몽골 여성들은 치마폭이 넓은 델을 입고 있어
혹시라도 초원에서 일을 볼 때면 넓은 치마폭으로 앞을 가린다.

나는 잉어다

"직업이 뭐예요?"
"시인입니다만."

그는 직업란에 무직이라 썼다.
시인은 직업이 아니란다.

나는 잉어다

"직업이 뭐예요?"
"시인입니다만."

세상이
다 보인다

몽골에서는 이런 말이 있다.
"델게르 초원에서는 모든 세상이 다 보인다"
모든 세상이 다 보이는 초원.
이 말을 증명이라도 하듯 델게르 대초원 한가운데는
오름 같은 봉긋한 언덕이 솟아 있고, 그 위에 어버(서낭당)가 자리해 있다.
과연 어버가 있는 언덕에 올라서자 사방의 초원과 지평선이 한눈에 들어온다.
앞을 봐도, 뒤를 봐도, 옆을 봐도 초원과 지평선이다.
그 광활한 초원에 길이 몇 갈래 나 있고,
멀리서 푸르공 한 대가 먼지를 날리며 달려온다.
그건 마치 세상의 끝에서 또 다른 세상의 끝으로 달려가는 것처럼 보인다.
초원의 모든 바람이 이곳을 지나간다.
끝없이 펼쳐진 Wind-Road.

077

밴쿠버
액션

밴쿠버의 차이나타운에서 한량처럼 돌아다니다 개스타운으로 접어들 무렵. 어쩐지 분위기가 심상치 않다고 여기고 있는데, 한 여자가 비틀걸음으로 다가오더니 내 어깨를 툭 쳤다. 초점 없는 눈이며 비틀거리는 몸짓이며 '약'에 취한 게 분명해 보였다. 여기서 공연히 불쾌함을 표현해봤자 시비로 받아들일 게 뻔했다. 내가 별 반응을 보이지 않고 지나치려 하자 그녀가 나를 불러 세웠다. 내 카메라를 가리키며 사진을 한 장 찍어달라는 거였다. 누가 봐도 그녀는 없는 문제를 만들어 분란을 일으킬 속셈이었다.

나는 속히 자리를 뜨는 게 상책이라 여겨 그곳을 벗어나려 했다. 그때 그녀의 손이 갑자기 내 카메라를 잡아챘다. 약 20m 전방에서는 일행으로 보이는 한 무리의 사내들이 이곳으로 걸어왔다. 사내들이 도착하기 전에 이 손을 뿌리치지 못하면 큰일이 일어나겠다 싶었다. 다행히 상대는 여자였고, 나는 힘껏 그녀의 손을 뿌리쳤다. 그러자 걸어오던 사내들이 이쪽을 향해 달려오기 시작했다. 나도 달리기 시작했다. 일단 신호를 무시하고 차가 질주하는 도로를 무단횡단, 건너편으로 도망쳤다. 그리고 한참이나 계속 달렸다. 뒤늦게 나는 더 이상 나를 따라오는 자들이 없다는 걸 알았다. 휘유, 저절로 한숨이 나왔다. 전해 들은 바로 밴쿠버에서는 이들 마약사범을 단속하거나 약을 금지하지 않는다고 한다. 왜냐면, 그럴 경우 이들이 모두 약을 구하기 위해 범죄를 저지를 것이고, 그러다 보면 밴쿠버의 치안이 더욱 위험해지기 때문이란다. 밴쿠버의 안전과 치안을 위해 이들을 그냥 방치하는 것이며, 심하게는 보조금 명목으로 아예 약간의 약값을 보조해 주기도 한단다. 빌어먹을, 약값 보조금을 좀 더 올려 주란 말야. 그래야 내 목에 걸린 카메라 따위에 눈독을 들이지 않지.

078

뭉크바트의 소원

몽골을 여행할 때 나를 알타이까지 안내한 운전기사 이름은 '덥친'이다. 그의 고향은 알타이에서 멀지 않은 '이크올'이란 곳이었다. 울란바토르에 살면서 그는 삶이 바쁘다는 핑계로 5년 동안 고향 땅을 밟지 못했다. 그런데 우연의 일치로 알타이까지 차를 타고 가겠다는 나의 계획 덕에 그는 5년 만에 고향땅을 밟게 되었다. 고향이 가까워지면서 덥친의 얼굴은 전에 없이 생기가 넘쳤다.

이크올에 도착하자 어떻게 알았는지 그의 동생이 길가에 마중을 나와 있다. 게르가 아니라 시멘트로 대충 지은 동생의 집. 주인장은 처음 보는 나에게 코담배를 권하며 손님 대접을 한다. 몽골에서는 코담배를 받았을 때 코에 대고 향기를 맡은 다음, 오른손으로 전해주는 것이 예의다. 안주인은 수테차를 내오고, 주전부리도 잔뜩 내온다. 사실 오늘 저녁에 묵을 집은 운전기사의 막내동생네 집이다. 막내 동생은 이크올에서도 10km가 떨어진 산중에 살고 있다.

저녁이 다 돼 막내 동생의 게르에 도착했다. 덥친의 막내 동생 이름은 뭉크바트(37세). 아이들이 세 명 있지만, 두 명은 학교에 다니느라 이크올에 가 있고, 막내딸 게렐치멕(7세)만 게르에서 함께 지내고 있다. 보통 몽골의 유목민은 1년에 봄 여름 가을 겨울 각각 한 번씩 네 번 이사한다. 지금 뭉크바트 씨가 사는 곳은 봄 게르라고 한다. 양과 염소, 야크와 함께 살아가는 유목민은 철 따라 초원을 이동함으로써 부족한 가축의 먹이를 해결한다.

게르 두 채, TV 한 대, 오토바이 한 대, 양과 염소 200마리, 야크 30마리, 말 네 마리. 이것이 뭉크바트 가족의 전재산이다. 유목민에게 부의 척도는 가축의 수에 달려 있다. 양과 염소가 1천 마리가 넘으면 몽골정부에서는 상장까지 수여하며 격려한다. "소원이 뭔가요?" 뭉크바트 씨는 망설임 없이 대답했다. "지금보다 더 많은 양과 염소가 있었으면 좋겠어요."

저녁이 늦어 뭉크바트 씨의 게르에는 이크올과 인근에서 소식을 듣고 찾아온 덥친의 동생들이 빙 둘러앉았다. 5년 만의 가족상봉. 동생들은 한국에서 온 손님에게 진심으로 고마워했다. "덕분에 이렇게 5년 만에 형을 보게 되어 정말 고맙습니다." 저녁 식사를 마치자 운전기사 덥친의 남매들은 옆 게르로 자리를 옮겨 회포를 풀고 나는 이쪽 게르에 남아 잠자리에 든다. 타닥타닥 난로에서는 장작 타는 소리가 들려오고, 게르는 따뜻하게 온기가 돌아 어느새 까무룩 잠이 들었다. 아침에 일어나보니 게르 안팎이 소란하다. 양쪽 게르 안주인은 밖에서 야크 젖을 짜느라 바쁘고, 남자 형제들은 게르 안에서 커다란 통을 난로 앞에 두고 시끄럽다.

몽골 최고의 음식으로 불리는 '호르혹'을 준비하는 거란다. 호르혹, 한마디로 설명하자면 커다란 찜통에 양고기와 양파, 소금을 넣은 뒤 난로 위에서 두 시간 정도 쪄내는 요리다. 오랜 기다림 끝에 호르혹 요리를 앞에 두고 유목민 가족과 내가 빙 둘러앉았다. 불에 구운 것 같으면서도 훈제한 듯한 양고기 냄새! 주먹만 한 고기를 하나 집어들고 뜯어먹는데 감탄이 절로 나온다. 양고기가 이렇게 맛있는 거구나, 라고 느끼게 한 양고기의 재발견! 누리고 느끼한 맛이 전혀 없는, 유목민 최고의 손맛! 시간과 정성이 깃든 만큼 호르혹 요리의 맛은 그야말로 몽골 음식 최고의 맛이다. 몽골의 유목민 또한 명절이 아닌 이상 가장 귀한 손님에게만 호르혹 요리를 대접한다. 호르혹을 배불리 먹고 수테차로 입가심을 하고 나니, 아무 생각이 없다.

떠나야 할 시간. 덥친이 차에 시동을 걸자 뭉크바트의 아내가 우유를 한 바가지 떠다 길 위에 뿌렸다. 이들이 우유를 뿌리는 까닭은 가는 길이 우유처럼 하얗게 빛나기를 바란다는 의미다. 막내딸 게렐치멕도 이를 환히 드러내고 우유처럼 웃어주었다.

20m 다리에서
뛰어내리는
아이들

20m 다리 위에서 뛰어내리는 아이들이 있다.
고작해야 그들의 나이는 9~14세 정도,
그러니까 우리나라로 치면 초등학생에 불과한 아이들이다.
물론 그들에겐 이 위험한 게임이 일상적인 놀이나 다름없다.
내가 20m 다리 난간에 선 아이들에게로 다가가 궁금한 듯 쳐다보자
한 아이는 몸짓을 섞어 내게 말했다.
"다이빙, 슈욱, 풍덩~!"

녀석은 손바닥으로 하늘을 날아오르는 새의 형상을 표현하며
휘파람까지 불었다.
그러고는 까마득한 호수의 수면을 향해 뛰어내렸다.
그냥 내려다보는 것만으로도 오금이 저린 높이였다.
이렇게 높은 다리 위에서의 다이빙은 그야말로 목숨을 담보로 한,
위험하기 짝이 없는 스포츠(?)인 것이다.
그러나 다리 난간에 선 그 누구도 그 위험을 두려워하는 아이는 없었다.
더러 다리 위에서 머뭇거리고 망설이는 아이는
다른 아이들의 놀림감이 되곤 했다.
어쩌면 이곳에서는 다리에서 뛰어내리는 것이
통과의례와 같은 것인지도 모른다.
이 위험한 게임에는 여자아이도 3명이나 끼어 있었다.
그중에 가장 나이가 많은 소녀는
거의 '뛰어내리는 아이들'의 우두머리 노릇을 하고 있었다.
소녀는 내가 보는 앞에서 갖가지 포즈로 여유 있게 뛰어내리곤 했다.
심지어 뛰어내리면서 바람에 날리는 꽁지머리를 손으로 묶는
여유까지 보였다.
거의 매일같이 다이빙하는 아이들에게 점령당한 이 다리는
루앙프라방 시내에서 메콩 강을 따라가는 남서쪽 도로 7~8km쯤에 있다.
루앙프라방에서 자전거를 빌려 나는 이곳에 도착했다.
과거에 자신이 승려였다는 한 남자는 서툰 영어로 다리를 가리키며
'다이빙 브릿지'라고 했다.

#080
참선하는 개

루앙프라방 사원의 개들은 일명 '참선하는 개'로 불린다.

실제로도 녀석들은 대법당에서 승려들이
불공을 드리거나 염불을 외울 때면,
법당 앞을 서성이거나 아예 법당 앞에 좌선하듯 앉아
참선하는 자세를 취하거나 불공드리는 자세를 취하곤 한다.

이 모습이 라오스를 여행하는 서양 여행자들에게는
너무나 신기하고 신비로운 모습으로 비쳐
언제나 사진의 표적이 되곤 한다.

사원의 개들은 불공 시간에만 불심을 드러내는 것이 아니다.
녀석들은 이른 아침 승려들이 탁발(딱밧)을 나갈 때면
덩달아 승려들의 옆을 줄레줄레 따라다니며
함께 탁발 행렬에 동참하기도 한다.

탁발을 다녀온 뒤에는 어김없이 어린 스님들도 녀석들에게
공양하는 것을 잊지 않는다.

081

고양이 SF

고양이가 다른 우주에서 왔다는 확실한 증거는 없지만,
그들이 모든 지구인을 집사로 만들어
궁극에는 지구별을 지배하게 될 거라는 시나리오는 꽤 그럴듯하다.
그렇지 않고서야 그 많은 지구인들이
그토록 고양이를 사랑하는 이유를 설명할 길이 없다.
물론 한국이라는 아주 예외적인 나라가 있긴 하지만.

#082
남쵸 유목민의
아이들

하늘호수, 남쵸로 가자면 반드시 넘어야 하는
라겐라 고갯마루(5190m)에서 흔하게 만나는 풍경이 있다.
동냥을 나온 유목민의 아이들.
이 아이들은 양 떼를 몰지도, 땔감용 야크 똥을 찾아 헤매지도 않는다.
대신에 어린 양을 가슴에 안고 라겐라 고갯마루에 올라 구걸을 한다.
그런데 이 녀석들의 구걸이 제법 당당하고 집요하다.
관광객이라면 누구나 이곳에 내려 사진을 찍는다는 것을 알고 있는 녀석들은
그들에게 모델을 자처하고, 그 대가로 손을 내민다.
사진 한 장에 1위안.
그 사실을 몰랐던 나는 사진을 찍고 나서 거의 가방을 털리다시피 했다.
1위안짜리 잔돈이 없어서
비상식량으로 가져온 30위안어치 과자와 초콜릿을 몽땅 넘겨주고 만 것이다.
내가 차에 타자마자 뒤늦게 달려온 아이들이 차 문을 두드렸다.

"원 포토, 원 달러!"

#083
신성한
하늘호수

해발 4718m에 자리한 남쵸는 티베트에서 가장 높고 넓은 호수일 뿐만 아니라 가장 신성한 호수로 알려져 있다. 사실 티베트에는 남쵸보다 더 높은 곳에 자리한 호수가 있긴 하지만, 지금까지 티베트인들의 관념 속에서 남쵸는 티베트뿐만 아니라 '세계에서 가장 높은 호수'로 인식되고 있다. 하늘과 맞닿아 있는 하늘호수. 남쵸는 워낙에 넓은 호수인지라 걸어서 한 바퀴 도는 데만도 20여 일이 걸린다. 그럼에도 남쵸에는 호수를 한 바퀴 도는 코라 순례자가 적지 않고, 심지어 호수 한 바퀴를 오체투지로 도는 순례자까지 있다.

남쵸 호수 앞에 자리한 남쵸 마을은 천막촌이다. 이들은 관광객을 상대로 음식을 팔고 잠자리를 내주는 것으로 생계를 꾸려간다. 관광객들에게 말이나 야크를 태워주고 돈을 받는 것도 이들의 주 수입원이다. 호수에 도착하면 남쵸마을의 마부들이 몰려들어 귀찮을 정도로 호객을 하기 시작한다. 남쵸마을의 마부들은 온갖 수단으로 여행자를 말 위에 태우는 재주가 있다. 나는 포대기를 두른 아이를 안고 호수 앞을 지나는 여인의 모습이 인상적이어서 사진을 몇 컷 찍었는데, 알고 보니 일종의 연출이었다. 그는 마부의 아내였고, 내가 사진을 찍었으니 말을 타야 한다며, 남편을 불러왔다. 속이 뻔히 들여다보이는 상황이었지만, 그 아름다운 동업정신에 이끌려 기꺼이 나는 10위안을 주고 말 위에 올라탔다.

해발 4718m, 길이 70km, 폭 30km, 수심 약 35m. 이것이 눈에 보이는 남쵸의 모습이다. 그러나 보이지 않는 남쵸의 본질은 이곳이 하늘과 맞닿은 '하늘호수'라는 것이고, 티베트인의 관념 속에 가장 신성한 호수로 자리 잡고 있다는

것이다. 그들이 왜 그토록 남쵸를 신성하게 여기고 있는지는 남쵸에 가보지
않고는 이해할 수가 없다. 남쵸에 이르러 하늘을 닮은 호수와 호수를 닮은 하
늘, 연이어 펼쳐진 만년설 봉우리를 보고 있노라면, 그저 숨이 턱 막힌다. 아무
리 봐도 호수의 빛깔은 신비롭기만 하다. 푸른색이 낼 수 있는 모든 종류의 빛
깔과 아름다움을 한꺼번에 품고 있다. 아름답게 빛나는 푸른 보석!

#084
대륙횡단
기차여행

재스퍼역에서 비아레일^{Via Rail}을 탄다.
내가 아는 한 재스퍼를 떠나는 방법 가운데
가장 우아한 방법은 비아레일을 타고 떠나는 것이다.
천천히 재스퍼의 오후 풍경을 구경하며
굼뜨게 재스퍼에서 사라질 수 있기 때문이다.
비아레일은 캐나다의 국영철도로, 동부의 세인트로렌스에서
서부의 태평양 연안 밴쿠버까지 횡단하는 대륙횡단 열차이다.
한 가지 더, '침대열차'인 점도 빼놓을 수 없다.
비아레일 코스 가운데 재스퍼-밴쿠버 구간은
로키의 웅장한 산자락과 호수, 빼어난 자연풍경을 지니고 있어
횡단노선 가운데 가장 아름다운 황금노선으로 손꼽힌다.
침대열차가 궁금해 여기저기 기웃거리는 동안
천천히 기차가 움직인다.
리처드 브라우티건의 〈미국의 송어낚시〉를 건성으로 읽으며
나는 가끔 차창 밖 풍경에 눈길을 준다.
설산과 빙하호수와 자연에 잠긴 마을들!

캐나다 로키를 따라 여행한 일주일은 석양과 함께 저물었다.
나는 무척 졸렸고, 졸린 눈으로 어슴푸레 창밖을 구경하다가
어느새 까무룩 잠이 들어버렸다.
깨어보니 아침이었다.
거의 10시간 넘게 잠만 잤다.
식당칸에 들러 아침을 먹는 둥 마는 둥, 시큰둥.
나는 다시 한참이나 창밖을 구경했다.
이렇게 잠만 자고 창밖만 구경하는 평화로운 시간을
최대한 즐기고 싶었다.
예상대로라면 기차는 17시간 만에 밴쿠버에 도착해야 했다.
하지만 서두를 필요가 없다는 듯 기차는
3시간이나 늦게 밴쿠버에 도착했다.
20시간의 기차여행.
조급한 성격의 한국 사람들 같으면 분통을 터뜨렸겠지만,
분통을 터뜨린다고 기차가 더 일찍 도착할 리 없다.
오히려 늦어서 나는 3시간이나 더 빈둥거렸다.

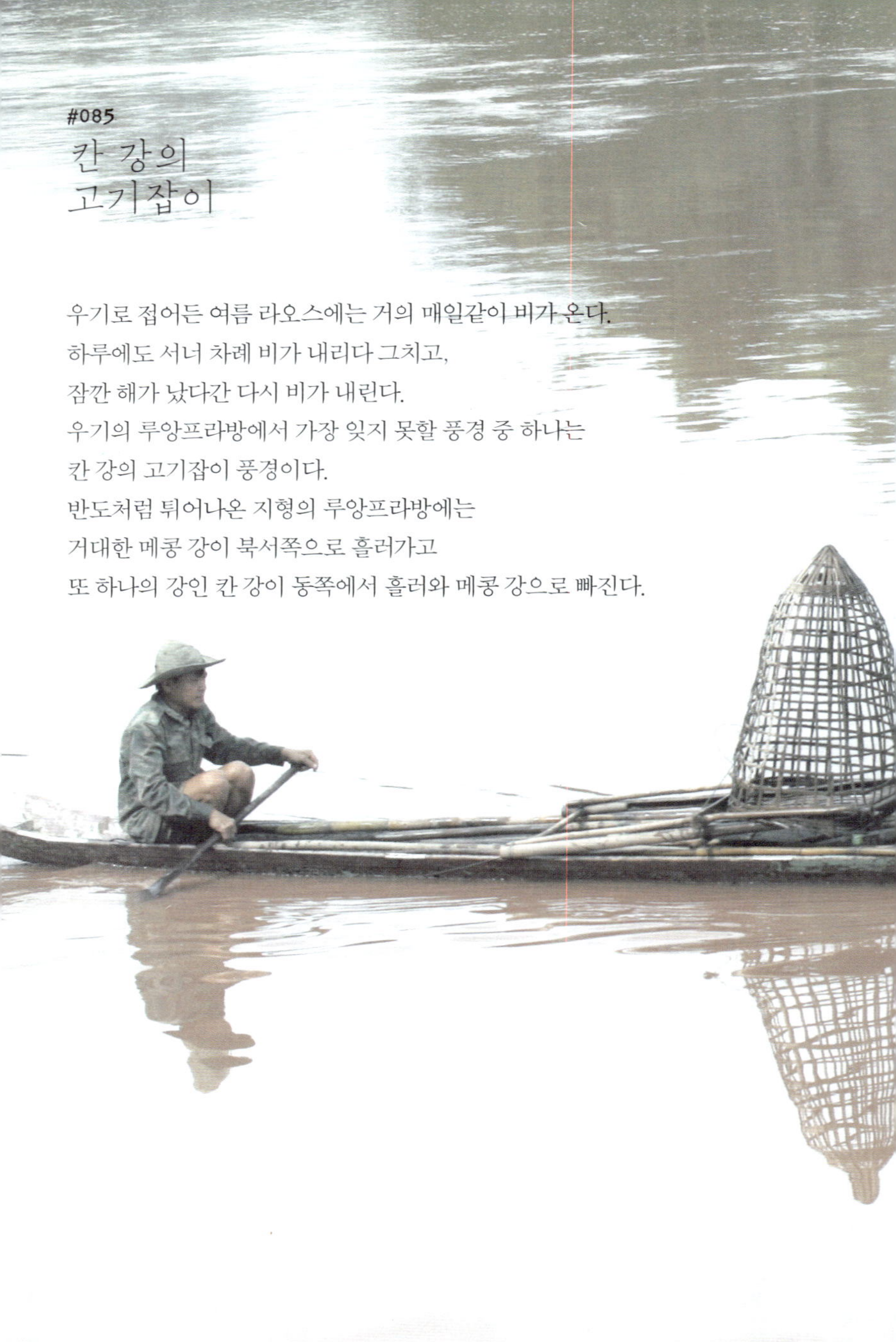

085

칸 강의
고기잡이

우기로 접어든 여름 라오스에는 거의 매일같이 비가 온다.
하루에도 서너 차례 비가 내리다 그치고,
잠깐 해가 났다간 다시 비가 내린다.
우기의 루앙프라방에서 가장 잊지 못할 풍경 중 하나는
칸 강의 고기잡이 풍경이다.
반도처럼 튀어나온 지형의 루앙프라방에는
거대한 메콩 강이 북서쪽으로 흘러가고
또 하나의 강인 칸 강이 동쪽에서 흘러와 메콩 강으로 빠진다.

물살이 거칠고 폭이 넓은 메콩 강에 비해
칸 강은 비교적 수면이 잔잔하고 폭이 좁아서
루앙프라방의 원주민들은 주로 메콩 강보다는 칸 강에서 고기잡이를 한다.
특히 비가 내리는 날이면 물고기들이 강가로 나오는 습성이 있어
원주민들은 비가 오거나 비가 그친 직후에 고기잡이에 나선다.
비가 오는 날 칸 강을 따라 오르다 보면
곳곳에서 고기 잡는 풍경을 만나게 되는데,
이건 정말 그 자체로 환상적인 그림을 연출한다.
황토 물빛 위에서 그물을 던지고 통발을 건져 올리는 풍경!
하늘색 비옷을 입은 채 쪽배를 타고 고기잡이를 떠나는 풍경!
족대를 들고 물가에서 물고기를 모는 아이들!
그런 풍경을 멀거니 앉아 바라보는 소녀들!
메콩 강과 만나는 왓시앙통 앞 강에서부터
씨사왕웡 다리까지 이런 풍경은 계속해서 펼쳐진다.
고기 모는 소리, 그물을 던져 허탕을 치고도 기분 좋게 웃는 소리,
통발에 가득한 고기를 보고 환호성을 지르는 아이들의 소리,
첨벙거리는 소리들.
칸 강에서는 진실로, 사는 소리가 들리고
사는 냄새가 난다.

086

초원의
날들

지구 저편의 누군가가 메이저리그를 보며 열광하고 있을 때,
지구 저편의 누군가가 레드카펫의
여배우가 입은 드레스 가격에 흥분하고 있을 때,
그들은 한 마리 말을 타고 초원의 끝에서 양 떼를 몰아온다.
어디선가 땅이 보이지 않을 만큼 빼곡하게 건물을 세우고,
시멘트를 처바르는 동안에도
그들은 아무것도 없는 초원과 벌판에서
잃어버린 양의 숫자를 헤아린다.
어디선가 크리스마스 캐럴송이 낭랑하게 흘러나올 때
사막의 변두리에서는 길고 외로운 낙타 울음소리가 천천히 황혼을 불러온다.

시가체
가는 버스

라싸 버스터미널에서 시가체행 버스에 오른다. 라싸에서 시가체까지는
280km. 버스를 타면 5시간쯤 걸린다. 버스 승객은 티베트인이 거의 3분의 2를
차지했고, 한족이 드문드문 나머지 자리를 메웠다. 버스에 올라탄 외국인이
라곤 나밖에 없어서 다들 흘끔흘끔 나를 쳐다보며 수군거린다. 겨우 빈자리를
찾아 주위를 둘러보니, 바닥이 온통 해바라기 씨앗 껍질에다 침과 담배꽁초로
지저분하다. 티베트에서는 중국과 마찬가지로 버스 안에서 아직도 담배를 피

우고, 침을 뱉고, 쓰레기를 마구 버리는 것을 대수롭잖게 여긴다. 벌써부터 버스 안은 여기저기서 피워올리는 담배 연기로 뿌옇고 매캐하다. 5시간이나 이런 버스를 타고 가자니 저절로 한숨이 터져 나왔다. 하지만 버스 안에서 '뽕짝'처럼 흘러나오는 티베트 노래가 짜증 난 마음을 달랬다.

버스는 예정보다 40분이나 늦게 출발했다. 험한 강줄기와 가파른 산굽이를 휘영청 돌아가는 길. 거의 300도에 가까운 굽잇길에서도 버스는 상관없다는

듯 추월을 한다. 맞은편에서 차가 올 경우, 사고 확률이 100%인 모험을 버스 운전수는 천연덕스럽게 감행한다. 그때마다 나는 가슴이 철렁 내려앉았지만, 승객들은 이골이 났다는 듯 흥얼흥얼 노래를 따라부른다. 따라부르다 못해 아예 합창까지 해댄다. 다들 어찌나 목청이 좋고 노래를 잘하던지, 승객들 모두가 가수나 다름없다. 버스 맨 뒷좌석에 앉은 나만 꿀 먹은 벙어리 신세로 처박혀서 이따금 창밖이나 구경한다.

1시간 40분을 달려 버스는 노천 휴게소에서 10분간 정차했다. 건물이라곤 과자 부스러기와 음료수를 파는 쓰러져가는 흙집이 한 채 있고, 변변한 화장실도 없는 곳. 남자들은 모두 강을 향해 소변을 보고, 여자들은 건물 뒤로 돌아가 일을 본다. 라싸를 출발한 지 4시간 50분, 드디어 시가체에 도착했다. 티베트 제2의 도시임에도 시가체는 라싸에 비해 훨씬 조용하고, 전혀 번잡하지가 않다. 관광객들의 모습도 거의 찾아볼 수 없다. 나는 버스정류장 인근의 여관에 짐을 풀고, 걸어서 외곽의 들판까지 나갔다.

유채밭과 감자밭이 펼쳐지고, 칭커밭이 에두른 시가체 들판은 내가 어린시절에 보았던 우리나라 시골보다도 훨씬 시골다웠다. 너른 들판을 가로질러 우마차가 다니는 농로가 길게 뻗어 있고, 그 길로 농부가 마차를 끌거나 당나귀를 몰고 간다. 어떤 아낙은 푸성귀가 가득한 망태기를 지고 총총 내 앞을 지나갔다. 내가 손을 흔들면 이웃이라도 되는 듯 반갑게 손을 마주 흔들어준다. 번잡한 라싸를 벗어나 시가체에 당도한 뒤부터 비로소 느긋한 여행자가 된 기분이었다. 거기서 나는 최대한 티베트의 시간을 즐겼다. 당나귀 걸음으로 그 시간을 따라갔다.

#088
비밀

비밀은 지켜지지 않는다.
비밀이 지켜지지 않는 건 '이건 비밀이야'라고 먼저 말해버리기 때문이다.

#089
벨기에
맥주

미국의 맥주 전문 사이트와 까다로운 주류 감식가들이 뽑는 맥주 랭킹에 따르면, 벨기에의 트라피스트 베스트벨레테레Trappist Westveleteren가 1위를 차지했고, 10위 안에 무려 4개의 벨기에산 맥주가 들어갔다.

베스트벨레테레는 식스투스 수도원에서 160년 전부터 만들어온 맥주로, 수도사들에 의해 소량 생산되므로 사실상 일반인들이 수도원을 직접 방문하지 않는 한 그것을 맛보기는 쉬운 일이 아니다. 우리나라에도 알려진 르페Leffe나 호하르데Hoegaarden, 호가든으로 알려짐도 과거에는 수도원 맥주였으나, 이제는 맥주공장에 그 비법과 상표를 넘겨 대량으로 생산되고 있다. 시메Chimay나 오르발Orval, 오거스틴Augustijn 등도 수도원 맥주로 유명하다.

벨기에에서 생산되는 맥주의 종류는 모두 1000여 종에 이른다. 벨지안들에게 맥주는 일상에서 빠질 수 없는 음식이자 즐거운 삶을 추구하는 에너지원이다. 벨기에에서 가장 대중적인 병맥주는 주필러Jupiler, 스텔라stella, 마스Maes 라벨을 붙인 것이고, 생맥주로는 호하르데와 르페, 흐림베르헤Grimbergen가 유명하다.

벨기에에는 체리나 나무딸기, 버찌, 복숭아, 블루베리 등과 같은 달콤하고 향이 좋은 과실 랑비크Lambic, 효모를 첨가하지 않은 맥주도 수없이 많다. 이런 맥주는 특히 여성들에게 인기가 많은데, 벨기에의 노천카페에 앉아 유난히 붉은색으로 빛나는 술을 마시고 있는 여성이라면 열에 아홉은 와인이 아니라 체리나 나무딸기 맥주를 마시고 있는 것으로 보면 맞다.

#090

사슴의
천국

아침 일찍 숙소를 나와 산책을 하는데, 내 눈앞에 TV에서나 보았던 거짓말 같은 풍경이 펼쳐졌다. 눈앞에서 사슴이 버젓이 풀을 뜯고 있는 거였다. 시레토코 전역에서 터살이를 하고 있는 홋카이도 사슴이었다. 어미 사슴과 새끼 사슴 한 마리. 어미 사슴이 새끼 사슴을 데리고 나온 게 분명했다. 조심스럽게 10여m 가까이 접근을 해도 사슴은 그저 귀만 쫑긋 세울 뿐 도망칠 생각이 없어 보였다.

한 마디로 이곳의 사슴은 사람 무서운 줄 모른다. 그만큼 이곳 사람들이 사슴에게 무서운 짓을 하지 않았다는 증거다. 이런 행복한 풍경은 이튿날 아침에도 똑같이 되풀이되었다. 이번에는 숙소에서 불과 50m 떨어진 곳에 여섯 마리의 사슴이 나타나 풀을 뜯고 있었다. 녀석들은 버젓이 차가 다니는 도로를 무단횡단해 기념품가게와 해산물 식당을 차례로 지나 천천히 마을 공터의 풀밭으로 내려갔다. 녀석들은 거리에 사람들이 오가는 것에도 아랑곳없이 늘 그래왔다는 듯, 사람들의 시선 따위는 신경도 쓰지 않겠다는 듯 여유만만하게 공터에서 아침 식사를 즐겼다.

도대체 이런 행복한 풍경이 지구상에 존재한다는 것이 믿기지 않는다. 이곳의 사슴들은 숫제 '샤리 마을'을 자기네 마을로 여기고 있었다. 사람에 대한 경계심도, 마을과 자동차에 대한 두려움도 없었다. 하긴 이곳의 사람들 또한 사슴의 출몰에 놀라지도 않았고, 사슴이 거리를 지나갈 때면 자동차는 느긋하게 녀석들이 다 건널 때까지 기다려 주었다. 그러나 이곳에도 나름대로 고충은 있었다. 나중에 안 사실이지만, 시레토코에서는 홋카이도 사슴이 이미 적정 수를 넘어 개체 수 조절을 검토하는 중이라고 한다. 사슴의 개체 수가 너무 많아서 사슴이 자꾸만 민가로 내려온다는 것이다. 사슴이 민가에 내려와 피해를 주거나 사슴이 피해를 보는 것을 막기 위해 마을마다 3m 높이의 울타리를 칠 계획도 이미 세워놓았다고 한다. 한마디로 사슴이 너무 많아서 걱정이란다. 참나, 도대체 우리로서는 상상할 수 없는 행복한 비명이 아닌가.

몽골의 여행자는 늘 선택의 기로에 서게 된다.
대초원의 길에 이정표가 있을 리 없다.
바퀴 자국이 곧 길이며, 이정표다.
여기서 자칫 길을 잘못 접어들면, 전혀 엉뚱한 곳으로 빠질 수도 있다.
물론 이리로 가든 저리로 가든 초원이거나 사막이겠지만,
길은 계속해서 미궁으로 빠져든다.

"초원의 99차선 도로"

이게 가당키나 하단 말인가.
몽골에서는 가능하다.
가기만 하면 길이 되는 곳이 몽골이므로.
길은 만드는 자의 것이므로.
가지 않고는 아무것도 만날 수 없는 길.
누군가는 그 길을 지프를 탄 채 달려가고, 누군가는 말을 타고 간다.
사실 몽골에서의 자동차란 외계의 것이다.

091

초원의
99차선 도로

이들의 탈것이란 여전히 말 아니면 낙타이고,
그것만으로도 이들은 충분하다, 고 여긴다.
과연 그것만으로 충분한가?
이들은 대답한다.
"먹을 물과 염소가 더 필요할 뿐, 다른 건 충분해요."
우리에게 필요한 것들은 사실 이들에겐 불필요한 것들이다.
저 길 끝에 도대체 뭐가 있단 말인가.
그곳엔 아무것도 없다.
아무것도?
아무것도!
그럼 대체 그곳엔 왜 간단 말인가.
아무것도 없는 것을 보러 간다.
그렇다면 당신은 저 길 끝에 라스베이거스라도 있기를 바란단 말인가.
아니면 휘황찬란한 홍등가라도 있기를 바라는가.
그렇다면 당신은 잘못 왔다.
몽골의 길은 다만 강물처럼 흘러간다.
그저 은하처럼 흘러간다.

북미에서
가장
아름다운 길

아이스필드 파크웨이.
이곳은 북미에서 가장 아름다운 길로 손꼽힌다.
레이크 루이스에서 컬럼비아 대빙원까지 이어지는 길.
아이스필드 파크웨이 주변에는 무려 200여 개의 빙산이 솟아 있으며,
무수한 빙하호들이 이 빙산의 모습을 반영하고 있다.
환상적인 도로는 해발 2000m와 1000m를 미끄럼 타듯 오르내린다.
산 아니면 호수, 호수 아니면 강, 고원과 협곡,
끊임없이 이어지는 침엽수림과 야생동물.

그 길을 따라 나는 컬럼비아 대빙원에 도착했다.

#093
88m
종탑에서 바라본
브뤼헤

이른 아침, 마르크트^{Markt} 광장의 종탑^{Belfort} 계단을 오르기 시작한다.
1년을 상징하는 366계단의 끝자락에 매달린 47개의 종이
댕 대앵, 댕 듣기 좋은 소리를 낸다.
브뤼헤 종탑의 종루는
아름다운 도심을 한눈에 내려다볼 수 있는 최고의 전망대이며,
중세도시의 그윽한 향기를 온몸으로 느낄 수 있는 최적의 장소이다.
둥그렇게 수로가 감싸고 있는 브뤼헤 도심은 하늘에서 내려다보면
세로로 세워놓은 달걀처럼 생겼는데,
그 노른자위에 마르크트 광장과 종탑이 자리해 있다.
종루에 올라 브뤼헤 도심을 내려다보면
북서쪽으로 어스름하게 풍차의 언덕이 보이고,
남쪽으로는 살바토르^{St. Salvatorskathedraal} 성당과
비헤인호프^{Begijnhof}가,
서북쪽으로는 다닥다닥 붙어 있는 고풍스러운 중세 건축물들이
한눈에 들어온다.
안개가 걷히면 도심을 타원형으로 감싸 흐르는 운하의 물길도
선연하게 다가온다.
47개의 종을 거느린 브뤼헤의 종탑(13~15세기 건축)은
벨기에의 다른 종탑 29개와 함께
1999년 유네스코 세계문화유산으로 지정되었다.
높이는 88m, 종의 무게를 다 합치면 무려 27t에 이른다.
사실상 브뤼헤에 와서 종탑을 오르지 않고는 브뤼헤를 보았다고 할 수 없다.

그만큼 이곳은 브뤼헤의 상징이고 자랑이다.
특히 저녁 무렵 마르크트에서 바라보는 종탑과 주변의 야경은 낭만적이고,
때때로 몽환적인 분위기를 연출한다.
어떤 사람은 브뤼헤를 가리켜 ‘천장 없는 미술관’이라고 부른다.
고풍스럽고 아름다운 도시 전체가 미술관이고 박물관이라는 얘기다.
또 어떤 사람은 브뤼헤를 일러 ‘서유럽의 베네치아’라고 한다.
고풍스러운 도시와 수로가 제대로 어울린 브뤼헤에게 이 말은
찬사가 아니라 당연한 수식어다.

094

라오커피

라오커피는 맛있다.
라오커피는 진하다.
진하기로는 사약 수준이고, 양으로는 사발 수준이다.
라오커피에서는 라오스의 맛이 난다.
주로 고산지대에서 생산되는 라오커피는
일단 그 맛이 우리가 흔히 마시던 커피와는 약간 다르다.
조금 더 신맛이 강하고, 진하다는 것.
신맛이 강한 아라비카에 라오스의 흙과 물, 공기가 혼합된 맛이랄까.
별다방이나 스틱 커피에 길든 나는
'뭐 이런 맛이 다 있어' 하고 중얼거렸지만,
게스트하우스에서 공짜로 얼마든지 내어주는
라오커피를 이틀 정도 마셔보니
그 맛에 길들어 별다방 커피는 줘도 못 먹겠다.
루앙프라방을 돌아다니다 강변 카페에 앉아서도
나는 버릇처럼 라오커피를 시켰다.
결국 그 맛을 잊지 못해 루앙프라방을 떠나며
갈아놓은 원두커피를 한 봉지 사 들고 들어왔다.
그것은 지금도 내가 아껴 마시고 있는 중이다.

095

구름 위의
산책

비는 오다가 말고, 구름은 흩어졌다가 몰려왔다.
라싸의 공가공항에서 출발한 쿤밍행 비행기는 예정시간을 50분이나
넘겨 날아올랐다.
하늘에 뜬 안개와 구름의 길.
끊어질 듯 이어지는 산굽이 에움길.
굽이굽이 협곡을 흘러가는 강물과 계곡마다 손바닥만 하게 둥지를 튼
헐거운 마을들.
빙하를 품은 설산과 장쾌하게 펼쳐진 봉우리의 바다.
해발 4000m에서 7000m를 오르내리는 산자락의 롤러코스터.

세계에서 가장 높은 히말라야를 국경지대에 품고 있는 티베트는 산의 어머니이자 강들의 고향이다. 전세계 인구의 47%, 아시아 인구의 85%가 티베트에서 흘러간 강물을 생명수로 여기고 산다. 갠지스, 브람프트라, 인더스, 메콩, 샬윈, 이라와디, 양쯔, 황하강 등이 모두 티베트 고원에 그 발원지를 두고 있다. 티베트에는 초모랑마, 로찌, 마카루, 초오유를 비롯한 6100m 이상의 봉우리만 40곳이 넘고, 해발 3000m 이상의 고원도시도 20곳이 훨씬 넘는다.

세계 최대의 협곡이라는 얄룽창포 대협곡도 티베트가 품고 있다. 얄룽 대협곡은 라싸에서 샹그릴라로 넘어가는 길목에 길게 펼쳐져 있는데, 만년설이 뒤덮인 해발 7756m 난쟈바와봉도 얄룽 협곡에 우뚝 솟아 있다. 차마고도에서 가장 아름다운 풍경을 지닌 얄룽 협곡 구간은 티베트 국경을 넘어가는 히말라야 구간과 함께 가장 위험한 구간이기도 해서, 옛날에는 '사망구역'으로 불릴 정도였다.

척박하고 황량할 거라고만 여겼던 티베트의 이미지는 티베트에 들어서는 순간 무너지고 만다. 사실상 바다를 제외한 지구상의 모든 풍경이 티베트에 존재한다. 만년설과 빙하호수와 원시림과 거대한 협곡과 고요한 평야와 습지와 사막과 숨찬 언덕과 평화. 그리고 수많은 사원과 순례자와 유목민들. 계곡마다 가랑이진 황토색 강줄기들. 하늘에서 내려다본 티베트의 풍경은 아름답다기보다 감동적이다. 저 아래 교역로이자 문명통로였고, 수행과 음미의 길이자 고행의 길이었던 차마고도도 자연의 일부처럼 흘러가고 있을 것이다.

또 다시 몰려오는 구름들.

내 앞에서 구름은 깃발처럼 펄럭이고, 바람은 급박하게 회오리친다.

내 눈은 구름을 밟고 성큼성큼 걷고 있다.

구름 사이로 언뜻언뜻 드러나는 풍경들.

산은 산대로 출렁거렸으며, 물은 물대로 가랑이졌다.

구름 너머로 펼쳐진 검푸른 하늘.

비행기가 구름 아래로 고도를 낮추자 샹그릴라 상공에서 가랑비가 흩뿌린다.

096

우리는
모두
누군가의

우리는 모두 누군가의 소중한 아들이고 딸이며,
누군가의 빛나는 첫사랑이고,
누군가의 잊지 못할 친구이자
누군가의 존경받는 선생이고 믿음직한 제자이다.
우리는 모두 누군가의 소중한 존재이지 않은 적이 없다.

눈 내린
사막을 걷다

몽골의 5월 추위는 뼛속까지 스며든다.
새벽에 동태가 다된 몸으로 게르 밖으로 나오자
사막과 초원이 온통 순백의 세상으로 변해 있다.
게르 캠프 멀찍이 풀어놓은 말들은 눈밭을 뒤져
이제 막 올라오기 시작한 새싹을 뜯어먹느라 분주하다.
새벽 6시. 벌써 아침 해가 떠서 사막의 눈을 바라보는 내 눈이 눈부시다.
게르 캠프를 벗어나 무작정 사막의 사구를 향해 걷는다.
눈앞에 바로 보이던 사구를 무려 30분 넘게 걸어가 만난다.
몽골에서는 평소의 원근감을 믿으면 낭패를 본다.
시야가 트여 바로 눈앞에 보이는 것도 가다 보면 한참이 걸린다.

밤새 눈이 내려 온통 하얗게 변해버린

바얀고비의 사구는 평소의 황토색 사구와는 완전히 다른 느낌이다.

월세계에 첫발을 내딛듯

나는 완전히 다른 느낌의 사막에 발자국을 찍으며 간다.

사구에 쌓인 눈도 헐겁고, 모래도 헐겁다.

모든 게 헐거워서 발이 푹푹 빠진다.

빠진 발자국마다 눈 속에 숨어있던 모래가 드러난다.

이 아침, 나 말고는 아무도 사구의 둔덕에 오른 이가 없다.

사구에서 게르 캠프까지 내가 걸어온 자국만이 길게 이어져 있다.

눈이 푸짐하게 내리지 않은 탓인지

사구의 모래 물결무늬 그대로 눈 물결무늬를 이루었다.

어떤 둔덕은 물고기의 등지느러미처럼 휘어졌고,

어떤 경사면은 칼로 도려낸 것처럼 날이 섰다.

나는 걷고 또 걸었다.

눈 내린 사막의 황홀경에 빠져 거의 1시간 넘게 사막에 머물렀다.

바얀고비는 남고비와는 사뭇 다른 느낌의 사막이다.

어떤 사막의 능선에서는 키 작은 나무가 자라고,

사막을 내려선 구릉에도 성기게 자란 풀밭에 자작나무가 듬성듬성 솟아 있다.

아침 햇살을 받은 사구의 눈은 서둘러 녹아내린다.

내가 게르 캠프로 돌아와 아침을 먹고 돌아보자 사구의 눈은

이미 다 녹아버렸다.

순식간에 하얀 사막이 황토 사막으로 변해버렸다.

098

아무튼

아무튼 괜찮아요.
그럭저럭 견딜 만해요.
혼자 마시는 커피는 약간 씁쓸하지만
커피맛이 본래 그런 거잖아요.
낙엽이 질 테면 지라죠.
눈은 얼마든지 내리라죠.
외로울 땐 옷장을 정리하고
그리울 땐 거울을 닦죠.
이젠 알아요, 마음도 식는다는 거.
식은 마음을 다시 데울 수 없다는 거.
늦었다는 거 알아요.

"아무래도 이번 세상에선 내가 너무 늦었으니,
늦은 것에 대해 너무 탓하지 마십시오."(이용한, 〈통리행〉 중에)

PS. "모든, 닿을 수 없는 것들을 사랑이라고 부른다. 모든, 품을 수 없는 것들을 사랑이라고 부른다. 모든, 만져지지 않는 것들과 불러지지 않는 것들을 사랑이라고 부른다. 모든, 건널 수 없는 것들과 모든, 다가오지 않는 것들을 기어이 사랑이라고 부른다."

― 김훈, 〈바다의 기별〉

099

행복할
권리

"불행하고 싶다면, 행복을 갈망하라." – 마이클 폴리, 〈행복할 권리〉

누구에게나 행복할 권리가 있다.
사랑할 권리, 여행할 권리, 공부할 권리처럼.
마찬가지로 잊혀질 권리, 게으를 권리, 침묵할 권리, 상처받지 않을 권리,
아무것도 하지 않을 권리도 있는 법이다.
문제는 행복이란 것이 늘 불행이라는 그림자를 달고 다닌다는 것이다.
결정적으로 그것은 실체가 없어서
행복한 순간조차 행복을 느낄 수가 없다는 것이다.
그래서 세상에는 아무도 행복하지 않고,
모두가 행복해지려고만 한다.

PS. "행복의 부조리란 그것이 규정될 수 없고 성취되지도 않으리라는 데 있다. 기껏해야 이따금씩 무의식적으로 달성된다. 직설적으로 추구한다면 정반대 상황이 될 수도 있지만, 다른 무언가를 추구하는 도중에 예기치 않게 등장하기도 한다. 이런 장난질만큼 울화가 치미는 일이 또 있을까."

– 마이클 폴리, 〈행복할 권리〉

100

드라마 키드

우리는 종종 사랑하는 대상을 찾기가 어려울 뿐,
사랑하는 것은 어려운 일이 아니라고 생각한다.

옥탑방에 사는 애인이 사실은 재벌 후계자라던가
날품팔이 소녀가 알고 보니 엄청난 재력가의 상속녀가 된다는 이야기는
드라마나 영화에서나 일어나는 일이다.
현실에서는 절대로 그럴 일이 없다.
그럼에도 우리는 언제나 그런 드라마 속 주인공이 되고 싶고,
심지어 될 수 있다고 믿는다.

정글의
맹그로브

말레이시아 콴탄을 여행할 때다. 시내에서 어촌까지 가기 위해 택시를 잡아 탔다. 지도에 나온 마을을 가리키자 운전수는 고개를 끄덕였다. "오케이라!" 그는 꼬박꼬박 대화 말미에 "－라"를 붙였는데, 은근히 중독성이 있었다. 그런데 10분쯤 마을을 향해 달리던 택시가 갑자기 한 모스크 앞에 멈춰 섰다. 20분만 기다려달란다. 이슬람 기도시간이라는 것이다. 운전수는 운전을 하다 말고, 정비사는 정비를 하다 말고, 요리사는 요리를 하다 말고 기도를 해야 하는 시간이다.

20분이 거의 다 돼 다시 나타난 운전수는 미안하다며 시동을 걸었다. 그렇게 20분을 더 달려 작은 어촌마을 '베세라'에 도착했다. 포구에 동력선이 여러 척 바람에 흔들리고 있었다. 나는 포구에 앉아 담배를 피우고, 한참이나 앉아 강바람을 쐤다. 그때 배 위에서 한 사람이 나를 향해 손짓했다. 배를 타러 온 것이 아니라고 손사래를 쳤지만, 그는 포구까지 올라와 나의 어깨를 떠밀었다. 알고 보니 공짜로 배를 태워주겠다는 거였다.

사실 그는 강 건너편 정글 입구 마을까지 짐을 싣고 가야 하는데, 내가 무척 심심해 보였다고 한다. 결국 나는 작은 배의 선장과 동행하게 되었다. 선장은 강 건넛마을에 보따리를 여러 개 내려놓더니 강 위쪽을 가리켰다. "여기서부터 정글이 시작돼. 저기 흐르는 강이 스네이크 강이야! 정글에 뱀이 아주 많아. 하지만 안심해. 낮에는 다 자니까." 그는 간단한 설명을 하더니 내 의사는 묻지도 않고 스네이크 강으로 뱃머리를 돌렸다. 그는 손가락으로 강가에 우거진 맹그로브 나무 한 그루를 가리켰다. "내가 좋아하는 나무야." 나무 아래서 그는 엔진까지 껐다.

엄청난 둘레와 정글에서도 단연 돋보이는 키를 자랑하는 나무였다. 가지는 기묘하게 사방으로 굽어 있었고, 타잔이 타고 다닐법한 덩굴밧줄이 가지마다 늘어져 있었다. 그는 내게 말했다. 나에게 이 나무를 보여주고 싶었다고. 그가 나를 이곳까지 끌고 온 목적이 여기에 있었다. 기껏 나무 한 그루 보여주자고 나를 여기까지 끌고 왔단 말인가, 화가 나기는커녕 고마운 생각이 들었다. 내가 보기에도 그건 정말 멋지고 인상적인 나무였다. 배는 물결에 쓸려 조금씩 맹그로브 나무로부터 멀어졌다. 그렇게 나는 이름 모를 선장과 함께 아주 커다란 맹그로브 나무를 구경했고, 그건 아직까지도 말레이시아 여행에서 가장 기억에 남는 장면으로 남아 있다.

CITY TAXI
TAXI
CORNER
Welcome to
Mongolia

102

택시

"세계 어느 곳을 가든 택시 운전사를 알아보는 확실한 방법이 하나 있다.
잔돈을 일절 가지고 있지 않은 사람. 그가 바로 택시 운전사이다."
– 움베르토 에코. 〈세상의 바보들에게 웃으면서 화내는 방법〉

잔돈 따위 얼마든지 착복해도 좋으니
택시가 왔으면 좋겠다.
몽골에는 하루종일 기다려도 택시 한 대 오지 않는 승강장이 있다.
울란바토르에서 20km 떨어진 초원의 한복판에
대체 왜 택시 승강장이 있는 건지.
대체 왜 나는 그런 곳에서 택시를 기다리고 있는 건지.

#103

딱밧

루앙프라방에서 딱밧(탁발)을 보지 못한 사람은 이 세상이 어떤 구휼과 측은 지심을 향해 가고 있는지 알지 못한다.

루앙프라방에서는 매일 새벽 6시에 딱밧 행렬이 시작된다. 새벽 6시가 되면 모든 사원의 승려들이 거리로 쏟아져 나온다. 이때 승려들은 항아리처럼 생긴 바리때(공양 그릇)를 오른쪽 어깨에 메고 맨발로 거리에 나선다. 거리에는 이미 공양을 하러 나온 신도들이 무릎을 조아리고 앉아 맨발 상태로 저마다 공양 그릇을 앞에 놓고 대기하고 있다. 승려들이 탁발에 나서면 신도들은 손가락으로 밥알을 뭉쳐 승려들의 바리때에 넣기 시작한다.
신도들이 바치는 것은 밥뿐만이 아니다. 어떤 신도는 찹쌀떡을 바치기도 하고, 또 어떤 이는 바나나를 잔뜩 가져와 하나씩 건네준다. 가게에서 과자를 잔뜩 사 와서 하나씩 나눠주는 사람도 있고, 어디선가 연꽃을 한 무더기 잘라와 한 송이씩 바치기도 한다. 더러 신도가 아닌 여행자들도 아침 공양에 나선다. 유럽에서 온 일가족 3명은 아예 밥통을 사서 공양에 나섰고, 어떤 한국의 여성은 떡을, 또 다른 동양계 여성은 초코바를 하나씩 나눠준다.
이 무렵 싹카린 거리에는 딱밧 행렬을 보려는 여행자들이 길게 늘어서 있다. 그들은 사진도 찍고 더러는 합장을 하며 승려들의 행렬을 지켜본다. 탁발에 나서는 승려들은 대부분 수행자 신분이므로 나이가 어려서 우리로 치면 초등학생 정도의 나이에서부터 중고생 나이까지 이른바 소년과 청년승들이다. 이들은 싹카린 거리가 끝나는 사거리에 이르러 사원별로 나뉜 구역으로 흩어져 탁발을 하다가 사원으로 되돌아간다. 이때 사원 앞에는 거지들이 기다리는데, 승려들은 탁발한 것들을 기꺼이 거지에게 공양한다.
사원으로 돌아온 승려들은 불탑과 불단에 우선 탁발한 양식을 일부 떼어 공양하고, 절집에서 키우는 개와 고양이에게도 이것을 나누어준다. 루앙프라방에서는 사람과 짐승이 한통속이고, 승려와 거지의 처지가 다르지 않다.

#104
단순한
풍경

몽골은 단순하다.
이 단순함은 원초적인 느낌에서 온다.
이를테면 그냥 아무것도 없는 초원과 사막.
1년에 260일은 맑고, 1년에 7개월은 겨울이며,
두어 달의 봄날은 모래폭풍이 휩쓸고 가는
몽골은 혹독하고, 혹독해서 더욱 눈물겹다.
몽골에서는 영하 30도의 긴 겨울과 모래폭풍으로 범벅된 봄이 지난 뒤의
짧은 여름이 아름답지 않으면 오히려 이상하다.
하늘에서 본 몽골 또한 그저 심심하다.
가도 가도 초원이 펼쳐져 있거나
그곳을 이따금 소떼나 염소떼가 지나가는 풍경!
그러나 홉스골로 올라가는 북쪽이나
알타이로 이어진 서쪽은 전혀 다른 풍경이 기다리고 있다.
몽골에서 드문 산악지대와 늪지와 호수가 이곳에 펼쳐진다.
특히 물이 풍족한 홉스골 인근에서는 산악지대를 구불구불 흘러가는 강줄기
를 흔하게 만난다.
알타이 쪽으로 방향을 틀면
푸른 초원이 산맥으로 이어져 만년설을 품에 안은 봉우리의 바다를
만나게 된다.
하늘에서 내려다본 몽골은
티베트나 동남아, 남태평양의 섬나라처럼 대단한 풍경은 존재하지 않는다.
단순하고 심심하며, 지루하기까지 하다.
그러나 이 단순하고 순진한 풍경이 바로 몽골의 진면목이다.

#105
비어라오

비어라오는 라오스의 국민맥주라고 불리는데,
이것이 세계적으로 알려지기 시작한 것은
라오스를 여행하는 여행자들 때문이다.
라오스를 여행한 한국의 여행자들 또한 대부분 그 맛을 잊지 못해
한국에서 비어라오를 구하기 위한 온갖 방법을 강구한다.
도대체 어떤 맛이기에 모두들 비어라오, 비어라오 하는 것일까.
누군가는 비어라오를 일러 '천상의 맛'이라 했고,
누군가는 '세계 3대 맥주맛'이라고까지 추어올렸지만,
그건 다분히 주관적인 평가일 뿐이다.
그러나 맥주의 나라 벨기에에서
웬만큼 맛 좋다는 맥주를 마셔본 경험이 있는 내가 맛보기로도
비어라오는 정말 향미가 뛰어난 맥주였다.
순하고 부드러우면서도 고소한 맛이 잔잔히 배어 있는 맛있는 맥주.
아시아를 대표하는 필리핀의 산 미구엘이나 일본의 삿포로,
싱가포르의 타이거에 견주어도
결코 떨어지지 않는 맛이었다.

아마도 여행자들이 기억하는 비어라오의 맛은
그곳의 아열대 기후에서 기인한 바가 크다.
덥고 습한 날에 강변 카페에 앉아 시원한 맥주 한잔!
맛이 없다고 하는 게 도리어 이상하다.

#106
마천루 숲에
가려진
그늘

理发店
保健足疗

茶
TEA
收购

상하이는 중국에서도 가장 화려한 도시로 손꼽혀 중국의 신천지라 불리지만, 모든 화려함 뒤에는 가려진 그늘이 존재하게 마련이다. 1990년 이후 시작된 푸둥 신도시 개발로 상하이는 단연 중국이 내세우는 세계적인 도시로 발돋움하였고, 시가지를 온통 마천루숲으로 만들어놓기에 이르렀다. 비 온 뒤에 쑥쑥 자라는 우후죽순이란 말이 어울리게, 자고 나면 없던 고층건물이 새로 솟아 있을 정도였다. 상하이의 변화는 천성이 느린 중국인에게는 엄청난 속도로 다가왔다. 한적한 어촌이었던 곳이 자고 일어나니 마천루 숲으로 뒤덮인 국제도시가 되어버린 것이다.

이런 상하이의 발전상은 그 자체로 관광상품이 되었을 정도이고, 오늘날의 많은 관광객들도 그런 발전상을 보러 찾아오는 게 사실이다. 하지만 모든 화려함 뒤에 가려진 그늘이 있듯이, 급격한 발전 뒤에는 피폐한 현실이 아물지 않은 생채기로 남아 있다. 그것은 당연히 대로에 있지 않고, 후미진 뒷골목에 존재한다. 한쪽이 화려하고 세련된 마천루 숲으로 변신하는 동안 다른 한쪽은 더욱 가난하고 노후된 고물로 방치되고 있다.

하지만 내게는 그곳의 삶이 비참하게 느껴지지도, 불쌍하게 느껴지지도 않았다. 그곳에서 만난 사람들은 대부분 상냥하였고, 아무렇지도 않게 베란다 빨래걸이에 빨래를 내걸었으며, 자전거로 무언가를 열심히 실어 날랐다. 어떤 이는 빠진 이를 드러낸 채 노부의 흰머리를 잘라주었고, 어떤 이는 집 앞에 내놓은 재봉틀로 옷가지를 수선하였으며, 어떤 아이는 팩우유를 한 통 사 들고 골목으로 웃으며 총총 사라졌다. 비참한 건물과 환경에 비해 그곳에 사는 사람들은 암담해 보이지 않았다. 어쩌면 사는 환경이 워낙에 암담해서 사는 모양새가 도리어 명랑해 보였는지도.

107

지구의 끝

시레토코는 아이누어로 '지구의 끝'이란 뜻이다. 홋카이도의 가장 동북쪽, 마치 여우의 꼬리처럼 생긴 반도가 오츠크해를 향해 길게 뻗어 있는 곳. 사실상 시레토코는 일본에서도 접근하기가 가장 어려운 지역으로, 일본인들조차 외국에 나가는 것보다 힘들고 먼 여행지로 여기고 있다.

나는 지구의 끝 마을에 도착해 지구의 끝 호텔에 여장을 풀었다. 아침에는 지구의 끝 식당에서 밥을 먹고 지구의 끝 바다를 구경했으며, 지구의 끝 기념품점에 들러 지구의 끝 사람들이 만든 지구의 끝 기념품을 샀다. 한국에 돌아가면 그녀에게 지구의 끝에서 가져온 선물을 내밀 작정이다.

밴프

자연의 절경에 폭 잠긴 알버타의 아름다운 도시. 40여 개의 호텔과 200여 개의 레스토랑을 갖추고 있지만, 거주민은 고작 7000여 명에 불과한 작은 도시. 이 작은 다운타운에 한해 약 500만 명 이상의 관광객이 찾아온다. 밴프를 찾는 사람들 중에는 휴양과 레저를 즐기러 온 이들도 있지만, 상당수는 에코투어에 나선 여행객들이다. 에코투어? 우리에게는 익숙하지 않은 이 생태적이고 자연주의적인 여행이 미국이나 유럽, 일본과 대만 등에서는 제법 인기 있는 여행상품이고, 이미 보편화된 여행방식이다.

에코투어에 나선 여행객들에게 밴프는 아주 매력적인 곳이다. 밴프는 캐나다 최초의 국립공원(1885년에 지정)이자 세계문화유산이며, 해발 1370m가 넘는 곳에 위치한, 캐나다에서 가장 높은 고원도시다. 밴프에는 고층빌딩이 존재하지 않는다. 국립공원인 관계로 이곳에서는 건물의 신축과 증축이 금지돼 있으며, 고도제한을 두고 있다. 또한 여기서는 집을 살 수는 있어도 땅을 살 수는 없다. 이곳의 집값은 넓은 땅덩어리를 가진 나라치고는 비싼 편이어서 웬만한 집들도 10억 원 이상이다. 다운타운의 키 낮은 집들 중에는 너와집도 흔하다. 전봇대도 옛날의 통나무 전봇대를 그대로 쓰고 있다. 자연을 생각하는 마음이 고스란히 느껴지는 대목이다

숙소에 짐을 풀고 나는 밴프 거리로 나섰다. 에코타운답게 밴프의 거리 이름은 거의 동물에서 빌려왔다. 버팔로, 비버, 울프, 카리부, 무스, 폭스, 디어, 코요테, 마못, 쿠거, 이글. 나는 버팔로 거리에서 울프 거리까지 갔다가 카리부 거리를 돌아 코요테 거리까지 산책을 했다. 저녁 8시가 넘었는데도 날이 환해서 주변을 둘러싼 희고 날카로운 만년설 봉우리들이 눈앞에 선연하다. 스위스의 알프스가 여성적인 산이라면, 캐나다의 로키는 남성적인 산이다. 캐나다의 로키는 미국의 로키보다 훨씬 웅장하고 아름다워서 미국인들조차 이런 풍경을 만나러 밴프를 찾곤 한다. 한적하고 적막한 밴프의 저녁. 이제 나는 이곳에서 로키를 보게 될 것이며, 캐나다를 느끼게 될 것이다.

#109

지구의
소리를 들어라

"맛있는 알타이의 푸른 바람"
알타이를 노래한 몽골의 시 한 구절이다.
몽골인들은 바람에도 색깔이 있다고 말한다.
가령 고비의 모래바람은 '하얀 바람',
알타이의 바람은 '푸른 바람'.
산자락의 초원이 푸르고, 하늘이 푸르니 바람도 푸르다.
푸른 바람을 뚫고 보르항 보다이(붓다를 뜻함)로 간다.
알타이에서 가까운 만년설산.
가깝다고?

가까워서 차를 타고 3시간.
보르항 보다이 가는 길은 협곡과 초원과 언덕을 번갈아 건너는
롤러코스터 같은 길이다.
만년설산이 가까워질수록 초원에 보이는 소 떼는 야크 떼로, 말은 낙타로
바뀌어간다.
몽골 유목민의 삶이 이 높고 깊숙한 곳까지 이어져
만년설산이 보이는 언덕과 구릉에도 드문드문 게르 몇 채가 보인다.
사회주의 시절 알타이의 한 유명 시인은 "나 죽으면 내 뼛가루를 보르항
보다이에 뿌려달라"는 시를 썼는데,
이것이 사회주의를 반대하는 것으로 오해받아 감옥에 끌려갔다고 한다.
당시만 해도 문제를 삼으면 무엇이든 문제가 되던 시절이었다.
드디어 해발 3705m의 보르항 보다이에 도착했다.
산 아랫자락에서는 수백 마리의 양 떼가 초원을 이동한다.
날이 추워서 야크똥을 모아다 불을 지핀다.
야크똥이 타는 동안 나는 언덕에 아무렇게나 드러누워 하늘을 본다.
함께 온 비지아 교수(몽골 국립대학 한국어과 교수)가 침묵을 깨고
내게 말을 건넨다.

"가만 눈을 감고, 지구의 소리를 들어보라!"
지구의 소리를 들어라.
내 귓가에는 돌풍으로 변한 알타이의 바람소리만 윙윙거렸다.
이따금 쿠구쿠쿵쿵, 하면서 양 떼 발자국 소리가 들려왔다.
나는 아직도 그 소리가 지구의 소리였다고 믿고 있다.
점심때가 지나서 배는 고픈데,
만년설산 아래 먹을 것이 있을 리 만무하다.
우리는 설산에서 흘러내린 빙하수를 끓여 컵라면으로 점심을 때웠다.
컵라면을 먹는 동안 낙타 떼는 어디서 나타났는지
십여 마리가 개울로 모여들어 빙하수를 마시고 있다.
푸른 바람 속에서 얼핏 낙타의 노래가 들려왔다.

110

700년
금지된 성역

벨기에 헨트 외곽의 한산하고 적막한 거리에
오거스틴Augustijn(성 아우구스티노) 수도원이 있다.
700년의 역사를 자랑하는 수도원이지만,
이제껏 미사를 보는 성당을 제외하고는 일반인의 출입이
전면 금지되었던 곳이다.
그러므로 700년 동안 이곳은 외부에 공개된 적이 없다.
애당초 수도원이라는 곳이 수도생활을 위한 공간이므로
예부터 수도원은 일반인의 출입은 물론
수도사들조차 바깥출입이 엄격히 제한되어 왔다.
지금도 벨기에에는 수도사가 바깥출입을 할 수 없는 봉쇄 수도원이 꽤
여럿 남아 있다. 그러나 대부분의 수도원은 이제
수도사의 출입만은 자유롭게 허용하고 있는 실정이다.
오거스틴 수도원은 두 차례의 세계대전에서 자유롭지 못했다.
한 번은 수도원이 불에 타그 화기가
수도원의 오래된 벽화와 천장 그림에 피해를 주기도 했다.
지금도 100년이 넘은 책들만 보관하고 있다는 도서관에는
당시에 녹아내린 천장 그림이 고스란히 남아 있다.
나는 이곳의 수도사와 친분이 있는 다니엘 씨와 함께
오거스틴 수도원을 둘러볼 기회가 있었는데,
마치 타임머신을 타고 중세시대로 떨어진 기분이었다.
그날 도서관에 서서 오래된 책을 뒤적이는 수도사의 모습은
영화의 한 장면처럼 아직도 잊히지 않는다.
영화 〈위대한 침묵〉을 천천히 돌려보는 듯했고,
"봄은 겨울로부터 오는 것이 아니다. 봄은 침묵으로부터 온다."
(막스 피카르트, 〈침묵의 세계〉)라는 자막이 흐르는 듯했다.

111

영혼의 호수

미네완카^{Minnewanka}는 인디언어로 '영혼의 호수'라는 뜻을 지니고 있다.
인디언의 정신적인 영혼이 깃든 호수가 바로 이곳이다.
4월인데도 호수는 꽁꽁 얼어 있다. 이 얼음은 5월 중순쯤에나 풀린다.
호수 아래로는 곧바로 투잭 호수가 펼쳐진다.
호수에서 호수로 이어진 길목에서 큰뿔산양을 만났다.
녀석은 도로가 바위 위에 앉아서 고요히 미네완카 호수 쪽을 바라보고 있었는
데, 마치 그 모습이 영혼을 다스리는 수도승처럼 근엄해 보였다.
미네완카 호수와 연결된 투잭 호수는 달력 그림처럼 아름다운 곳이다.
얼음으로 덮인 미네완카와는 달리 청옥빛 물결이 햇볕에 반짝거렸다.
건너편의 설산은 수면에 드리웠고, 만처럼 에움진 호숫가 풍경과 물가에
솟은 침엽수의 모습이 그림처럼 펼쳐졌다.
"여긴 정말로 멋진 곳이군요!"라고 내가 감탄하자 옆에 있던 원주민이 말했다.
"캐나디안 로키 어디를 가든 다 이래요. 끊임없이 멋지다는 말을 하게 되죠.
가장 멋지다는 레이크 루이스가 어디에나 있는 셈이죠."

#112
성모마리아
대성당

우리나라에도 방영된 적이 있어 누구나 알고 있는 만화 〈플란다스의 개〉는 벨기에 제2의 도시 안트베르펜이 그 배경이 되었다. '플란다스'는 바로 플랑드르이며, 만화에서 주인공 네로가 파트라슈와 함께 성당에 걸린 그림을 보며 싸늘히 식어갔던 곳이 바로 성모마리아대성당O. L. Vrouwekathedraal이다. 성모대성당은 벨기에에서 가장 높은 123m의 첨탑을 가진 벨기에 최대의 고딕 성당으로 알려져 있다. 만화에도 등장하는 성당 그림은 화가 루벤스Peter Paul Rubens(1577~1640)의 작품으로, 주인공 네로는 이 그림을 보며 화가를 꿈꾸었다.

성모마리아대성당은 14세기 중반에 짓기 시작해 200여 년 동안이나 지은 것으로, 1533년에는 대형 화재로 내부에 소장하고 있던 많은 예술품이 훼손되었으며, 1794년에는 프랑스 혁명가들에게 한 번 더 예술품을 몰수당하는 수난을 겪어야 했다. 19세기에는 성당의 내부 복구가 일부 이루어졌지만, 전체적인 복원은 1980년대 이후부터 지금까지도 계속되고 있다. 성모마리아성당의 아름다움은 성당의 아치형 출입문에 새겨진 석조 조각에서 두드러진다. 이 조각상들은 하나같이 섬세하고 정교하다.

성모마리아대성당 내부에 들어서면 우선 웅장한 천장 높이와 석주와 벽의 장식에 놀라게 되지만, 무엇보다 화려하게 장식된 스테인드글라스의 아름다움에 압도당하게 된다. '성모마리아상'에서부터 '최후의 만찬'까지 성당의 유리 성상화는 하나하나가 다 가치있는 예술이고 작품이다. 걸음을 옮겨 성찬대 입구 왼쪽에 이르면 루벤스의 '십자가에 올려지는 그리스도'를 볼 수 있고, 오른쪽에 이르면 '십자가에서 내려지는 그리스도'를 만나게 된다. 설교단 뒤쪽 중앙에는 출입금지 밧줄 너머로 희미하게 〈플란다스의 개〉에 등장했던 '성모승천' 그림이 보이고, 둥그런 돔 천장에도 다른 화가의 성모승천 그림이 벽화로 장식돼 있다.

113

외로운
게르 주막

황량한 벌판, 황량한 길, 황량한 시간들.

항가이 산맥을 넘어온 바람은 황량한 것들을 펄럭이며

알타이 쪽으로 넘어간다.

몇 시간을 달려도 게르 한 채 보이지 않는다.

항가이 산맥의 고지대가 끝나면서 길은 구릉과 바위너덜지대로 이어진다.

그리고 네댓 시간 만에 나타난 게르 한 채.

몽골에서만 볼 수 있는 게르 주막을 만난다.

식당이면서 휴게소이고, 주점이면서 구멍가게인 게르 주막은

인적이 드문 초원의 한가운데서 기약 없이 지나가는 손님을 기다리고 있다.

도대체 이런 주막에 손님이 올까, 여기겠지만

우리가 도착했을 때 이미 두 명의 손님이 밥을 먹고 앉아

느긋하게 TV를 보고 있었다.

주변에 전봇대도 발전소도 없는데 TV가 나오는 것이 신기할 따름이다.

알고 보니 이곳의 게르 주막에서는 바깥에 설치한 태양열 집열판으로

에너지를 얻어 배터리를 돌리고 있었다.

그러므로 이곳의 TV는 태양열 TV인 셈이었는데,

몽골 유목민의 상당수가 이런 식으로 태양열을 이용하거나 풍력자가발전
으로 TV를 본다.

손님이 도착하자 게르 주인은 바싹 말린 소똥 연료를 난로에 집어넣는다.

그리고는 밀가루 반죽을 밀어 난롯불에 살짝 익힌 뒤

칼국수 썰듯 국수 가락을 만들어놓는다.

초이방(볶음국수)을 만들기 위해서다.
초이방의 주재료는 밀가루 국수와 양고기다.
양고기를 잘게 썰어 양파나 감자와 함께 익힌 다음
국수 가락을 집어넣고 볶아 만든다.
처음 한두 번은 먹을 만했지만 가는 곳마다 느끼한 초이방을 먹다 보니
나중에는 김치 생각이 간절했다.
게르 주막에서 가장 인상적인 것은
이 외딴 오지에서도 한국에서 건너온 초코파이와 담배를
팔고 있다는 것이었다.

#114
하늘에서 본
메콩 강

라오스어로 Ménam Khong,

총 길이 약 4350km.

해발 4900m가 넘는 티베트 고원에서 발원해(란창 강)

중국 윈난과 미얀마, 라오스, 캄보디아, 베트남을 거쳐

남중국해로 흘러드는

동남아에서 가장 긴 강줄기.

루앙프라방을 비롯해 수도인 위앙짠(비엔티안)과 빡세, 돈 콩 등

라오스 전역을 가로지르는 메콩 강은

자연의 축복이자 삶과 문화의 젖줄로 통한다.

라오스 사람들은 메콩 강에서 고기를 잡고,

가축이나 열대과일을 실어나르며,

수상가옥을 짓고 살기도 한다.

이들은 삶의 상당 부분을 메콩 강에 의존하고 의지한다.

강물에 떠내려오는 나무는 땔감으로 사용하며,

뱃길을 따라 시장에도 가고 성지순례도 간다.

아이들에게는 이곳이 놀이터이고 수영장이며,

여성들에게는 이곳이 우물이고 빨래터이다.

메콩 강변의 논자락에서는 벼 익는 소리가 들리고,

둔치에서는 코코넛과 망고가 익어간다.

강물소리와 함께 사원의 염불소리 그윽하고,

벌거벗은 아이들의 웃음소리 그득하다.

루앙프라방에서 나는 베트남 항공을 타고

하늘에서 그것을 보았다.

거대한 자연의 파노라마이며, 라오의 젖줄이자 핏줄인 메콩 강을.

안개와 구름 사이로 드러난 숨 막히는 풍경을.

#115
채식주의자의
여행

그녀는 채식주의자였고,
채식주의자에게 몽골은 갈 만한 곳이 안되는 곳이었다.
아침에도 양고기, 점심에도 양고기, 양고기가 지겨운 저녁에는 야크고기.
그녀는 하루를 꼬박 굶었고,
이튿날 이해의 폭을 넓혔다.
양과 야크는 채식을 하는 동물이니까, 먹어도 괜찮겠지?
그렇게 채식의 폭을 넓혔다.
몽골은 땅이 넓은 만큼 이해의 폭도 넓혀야 하는 곳이다.
채식주의자와 여행할 때
그가 채식의 폭을 넓히는 것에 대해
우리는 이해의 폭을 넓힐 필요가 있다.

#116
수상시장
담넌 싸두악

ฝรั่ง
4 โล 10บ

태국을 다녀온 사람들이 선물하는 관광엽서마다 빠짐없이 등장하는 풍경이 과일을 잔뜩 실은 배들이 수로에 즐비하게 늘어선 수상시장 풍경이다. 바로 담넌 싸두악^{Damneon Saduak} 수상시장이다. 영화 007 시리즈에서 제임스 본드가 보트를 타고 줄행랑치던 곳. 이곳을 제대로 감상하기 위해서는 아침 무렵인 5~8시쯤에 가는 게 좋다. 이때 상인들의 거래가 가장 활발하고, 관광객보다 상인들의 쪽배가 더 많은 풍경을 제대로 볼 수 있기 때문이다.

수상시장에 간 이상 보트 여행을 외면할 이유가 없다. 30분 정도면 수상시장을 다 돌아보고도 남는다. 보트를 타고 가는 동안 과일을 잔뜩 실은 쪽배에서 망고스틴이나 럼부탄, 코코넛과 같은 열대과일을 사 먹거나 쌀국수 한 그릇을 먹어보는 것은 색다른 별미다. 사실 열대과일의 천국인 태국에서도 수상시장은 과일시장이라 불릴 만큼 풍부한 거래가 이뤄진다. 과일의 왕 두리안 (맛은 느끼하고 상한 고기 냄새가 난다)을 비롯해 과일의 여왕 망고스틴(속살이 육쪽마늘처럼 생겼다), 속살이 투명한 럼부탄과 향이 좋은 망고, 주황색 속살의 파파야, 파인애플과 구아바, 야자열매와 코코넛 열매 등 수십 가지 열대과일을 즐길 수 있는 곳이 바로 수상시장이다. 쌀국수도 쪽배에서 곧바로 말아주거나 볶아준다.

수상시장은 오전 9시가 넘어가면 조금씩 관광객이 들끓기 시작해 10시쯤이면 완전히 관광객이 장악해버린다. 물론 이때는 물건을 거래하는 쪽배는 대부분 철수하고, 관광객에게 먹을거리와 기념품을 파는 쪽배로 넘쳐난다. 패키지로 수상시장을 여행하는 여행자들이 수상시장을 보고 실망했다고 말하는 것도 바로 이때쯤 도착해 수상시장을 둘러보았기 때문이다. 사실 아침부터 수상시장을 둘러본 개별 여행자는 이때쯤이면 철수할 시간이다. 어차피 정오 12시가 되면 수상시장은 문을 닫는다. 이때 한꺼번에 빠져나가려는 관광객으로 수상시장은 또 한 번 북새통을 이룬다.

옛날부터 태국의 수도인 방콕은 수로를 이용한 교통망이 발달해 '동양의 베니스'라 불려 왔다. 방콕의 차오프라야 강 지류에 수상시장이 발달한 것도 그 때문이다. 하지만 육상 교통이 발달한 지금은 굳이 수로망을 통해 물류를 운반할 이유가 없어졌다. 방콕의 수상시장이 쇠퇴한 것도 그 때문이다. 그나마 그 옛날 '물의 도시' 방콕의 분위기와 전통을 유지해 오는 곳이 바로 담넌 싸두악 수상시장이다.

#117
원시의 마을,
야생의 아이들

루앙프라방에서 자전거를 빌려 2시간쯤 달려가 닿은 산중마을. 그야말로 문명을 한 발짝 비켜선 원시의 마을. 거기에는 우리가 잃어버리고 때로 던져버린 풍경과 서정과 자연과 순결과 적막이 가득했다. 황토 먼지가 날리는 산중 비포장길에서 나는 산에서 내려오는 야생의 아이들을 만났다. 아무것도 걸치지 않은 벌거벗은 아이들. 녀석들은 자전거를 타고 나타난 이방인에게 스스럼없이 다가와 산에서 주워온 과일을 하나씩 내민다. 본 적도, 만난 적도 없는 내게 불쑥 선물을 내민다. 내가 그것을 받아들고 우물쭈물하자 녀석들은 시범을 보여주겠다는 듯 그 과일을 돌멩이에 대고 반으로 쪼개 맛있게 깨물어 먹는다.

나는 녀석들이 하는 대로 따라서 과일을 돌멩이에 대고 반으로 쪼개 입에 넣었는데, 으악! 레몬보다 더 신맛이 났다. 내가 너무 시어 퉤퉤 거리자 아이들은 재밌다는 듯 손가락을 가리키며 깔깔 웃어댄다. 이름도 모르는 이 과일은 그냥 과육을 베어 신맛의 과즙을 빨아 먹고 뱉는 그런 과일이었다. 나는 자전거를 세우고 녀석들과 대화를 시도했다. 당연히 내가 라오스 말을 알 리가 없었다. 나는 한국말로, 녀석들은 라오스 말로.

"이 과일 너무 시고, 맛없어."

"이게 얼마나 맛있는 건데, 배부른 소리 하고 있네."

"너희들 어디 사니?"

"요 아래."

"마을 구경 좀 시켜줄래?"

"따라와. 외국놈. 크크크!"

아이들과 나의 대화는 통역도 없이 신기하게도 다 통했다. 녀석들은 나를 마을로 데려갔다. 그리고 그중 3명의 아이들 집을 차례로 방문했다. 방문하고 싶었다기보다 녀석들이 따라오라는 대로 가보니, 녀석들의 집이었다. 집집마다 어른들이 밖에 나와 앉아 있었다. 내가 두 손을 모아 "싸바이디!" 하고 인사

하면 어르신들은 특유의 '라오스의 미소'를 지으며 합장을 했다. 그렇게 1시간 가량 마을을 구경하고 떠나려는데, 아이들이 내 소매를 잡아끌었다.

"우리 멱 감으러 가자."

"어디로?"

"요기, 개울로."

흙탕물이 흐르는 개울이었다.

"설마 여기서 멱을 감는다고?"

나는 흠칫 놀랐지만, 녀석들은 벌써 하나둘 개울로 뛰어들었다. 순식간에 마을의 아이들이 첨벙첨벙 뛰어들더니 10여 명의 아이들이 멱을 감기 시작했다. 나는 몇 컷의 사진을 찍고 나서 아예 카메라 가방을 던져두고 녀석들처럼 옷을 벗고 첨벙첨벙 개울로 걸어 들어갔다. 흙탕물이긴 해도 생각보다 물은 깨끗했다. 오랜만에 나는 어린시절로 돌아가 아이들과 물장구도 치고, 물싸움도 하고, 헤엄도 치고, 자맥질에 다이빙까지 했다. 그렇잖아도 자전거를 타고 오느라 땀이 범벅이 되었는데, 덕분에 목욕 한번 잘했다.

내가 주섬주섬 옷을 챙겨 입고 카메라 가방을 메고 자전거 있는 곳으로 향하자 아이들도 이별을 예감한 듯 개울에서 나와 줄줄이 따라나온다. 이 야생의 아이들과 나는 고작해야 2시간이 약간 넘는 시간을 보냈을 뿐이다. 그런데도 쉽게 발길이 떨어지지 않았다. 녀석들은 내게 과일을 주었고, 나는 줄 것이 없어 비상식량으로 챙겨간 비스킷 한 봉지를 아이들에게 내밀었다. 그리고는 일일이 돌아가며 악수를 했다. 녀석들 중 한 명은 여자아이였는데, 내가 자전거에 올라타자 그새 정이 들었다고 눈시울을 적셨다. 나는 뒤돌아보지 않고 곧바로 마을을 떠났다. 하지만 내 마음은 떠나지 못한 채 그곳에 남아 자꾸만 원시의 풍경과 야생의 아이들을 기웃거렸다.

118

그리움 씨로부터

마음을 멈추고 당신을 본다.
괜찮다고 말하고 싶지만,
괜찮지 않은 밤은 온다.
창밖의 나무는 고요가 무성하고
아주 괜찮은 듯 서 있다.
당신은 언제나 떠나고 있고,
돌아오지 않을 것을 안다.
'아프지 말아요'라고 말하던 그리움은
아프게 입술에 남아서
버릇처럼 '걱정 말아요'를 중얼거린다.
지나친 것들은 지나치게 나를 괴롭혔다.
가벼운 구름의 열망과
헐거운 방랑의 열정도
내내 길 위에서 시들었다.
늦은 밤, 늦어서 미안한 빗방울만이
토닥토닥 창문을 위로한다.

#119

오타루에서
만난 고양이

오타루에서 만난 고양이
눈밭을 걸어와 나에게 몸을 부빈다.
일면식도 없는 나에게 친한 척을 한다.
넉살도 좋다.
내가 쪼그려 앉아 목덜미를 쓰다듬자
이 녀석 옳다구나 하고 내 무릎 위로 올라온다.
눈은 내리다 잠시 그쳤는데
발이 시리다며 이 녀석, 무릎에서 내려갈 생각을 않는다.
5분 넘게 그러고 있자니
발이 저려온다.
수시로 사람들이 오가는 인도 한복판에서
고양이를 안고 있는 남자!
한국 같았으면 다들 이상한 눈초리를 보냈겠지만,
여긴 일본이고 오타루인 것이다.
오히려 지나는 사람마다 고양이 머리를 쓰다듬고 간다.
그래도 안 되겠다.
발이 저려서 고양이를 잠시 내려놓자
이 녀석 내 눈을 빤히 쳐다보며 냥냥거린다.
그때 누군가 지나다 말고
녀석을 쓰다듬기 위해 쪼그려 앉았다.
고양이 녀석, 기회를 놓치지 않고 그녀 무릎으로 올라선다.
내 무릎에서 그녀의 무릎으로 갈아탄 고양이.
이참에 나도 그녀에게 뒷일을 맡기고
은근슬쩍 자리를 떴다.

#120
여행 생각

한동안 우울했고, 나는 여행 생각만 했다.
닿을 수 없는 당신은 캄캄하기만 해서
나는 거듭 여행 생각만 했다.
만달고비에 가면 사막에 쏟아지는 별들을 만나야지.
브뤼헤에 가면 종탑을 바라보며 오후 2시의 맥주를 마셔야지.
이스탄불에 가면 골목의 게으른 고양이를 받아적어야지.
퀸스타운에 가면 증기선을 타고 호수를 건너야지.
리장에 가면 너와집 창문을 열어놓고 노래를 불러야지.
이 모든 공허를 건너가야지.
창밖에는 눈이 퍼붓고, 나는 여행 생각만 했다.
당신은 오지 않고, 나는 여행 생각만 했다.

길에서 열렬하게 나는 인생을 낭비했다.
집으로 가는 길에 가여운 사랑을 만났고,
그 사랑을 데리고 나는 집으로 돌아갔다.

이용한 여행에세이 1996-2012

잠시만
어깨를
빌려줘

초판 1쇄 | 2012년 5월 17일
초판 2쇄 | 2012년 7월 17일

지은이 | 이용한

발행인 겸 편집인 | 유철상
책임편집 | 유철상
교정 · 교열 | 임지선
디자인 | 서은주

펴낸 곳 | 상상출판
주소 | 서울시 동대문구 용두동 790번지 롯데캐슬 피렌체 상가 3층 306호
구입 · 내용 문의 | **전화** 070-8886-9892~3 **팩스** 02-963-9892
이메일 cs@esangsang.co.kr
등록 | 2009년 9월 22일(제305-2010-02호)
찍은곳 | 다라니

※ 가격은 뒤표지에 있습니다.

ISBN 978-89-94799-24-7(13980)

www.esangsang.co.kr